揭秘武器

卜翔宇　编著

北京工艺美术出版社

图书在版编目（CIP）数据

揭秘武器/卜翔宇编著. —— 北京：北京工艺美术
出版社，2021.11
　　ISBN 978-7-5140-2276-6

　　Ⅰ.①揭… Ⅱ.①卜… Ⅲ.①武器－儿童读物
Ⅳ.①E92-49

中国版本图书馆CIP数据核字(2021)第221081号

出 版 人：陈高潮
责任编辑：郑　毅
封面设计：李　荣
装帧设计：商昌信
责任印制：高　岩

法律顾问：北京恒理律师事务所　丁　玲　张馨瑜

揭秘武器

卜翔宇　编著
_____

出　版　北京工艺美术出版社
发　行　北京美联京工图书有限公司
地　址　北京市朝阳区焦化路甲18号
　　　　中国北京出版创意产业基地先导区
邮　编　100124
电　话　（010）84255105（总编室）
　　　　（010）64283630（编辑室）
　　　　（010）64280045（发　行）
传　真　（010）64280045/84255105
网　址　www.gmcbs.cn
经　销　全国新华书店
印　刷　天津联城印刷有限公司
开　本　889毫米×1194毫米　1/16
印　张　16
版　次　2021年11月第1版
印　次　2021年11月第1次印刷
印　数　1～10000
书　号　ISBN 978-7-5140-2276-6
定　价　198.00元

目录

冲锋陷阵：冷兵器时代

叱咤风云：枪械

光辉使命：火炮

前言

在人类历史的长河中，武器是各类冲突、战争的组成部分之一，从某种程度上决定着战争的走势。

武器的历史，最早可以追溯到原始社会，我们的祖先面对的对手是森林里、山谷中、河湖里的各种动物，他们手中简陋的木棒、石块就是最初的冷兵器的雏形。在原始社会末期，部落之间的争斗逐渐增多，各种构造较为复杂，功能细分的石制、骨制的兵器被发明、制作出来，在部落冲突中得到广泛应用。自此，武器登上历史舞台，伴随着人类利益纷争的历史烟云发展到今天。今天的武器集中了世界上最先进的科技、最尖端的制造工艺，成为一个国家、一个民族强大的象征。

《揭秘武器》是一本系统介绍各类武器知识的科普读物，它以时间发展为主线，系统介绍了陆、海、空三大军种的主体装备，包括冷兵器、枪械、火炮、坦克、舰艇、飞机、导弹以及核武器、生化武器、信息武器等方面的知识。在书中，我们精心选配了千余幅相关武器装备的实物图片，配以简明扼要的文字说明，使得本书犹如一座精心打造的武器博物馆，向读者一一展示各武器家族的前世今生和发展轨迹，带给读者理性的认识、视觉的冲击，为读者搭建起系统完善的武器知识架构。

冲锋陷阵：冷兵器时代

在人类社会的发展进程中，最初的兵器是由原始人类在农耕、狩猎时所使用的简单的劳动工具演变而来的。随着武力冲突规模的升级，部落之间的战争迫切需要更有力的武器来增强在战场上的杀伤力。古代冷兵器经历了由低级到高级、由单一到多样、由庞杂到统一的发展完善过程。

十八般兵器

我们常说的十八般兵器，泛指中国古代常用的冷兵器，它是由十八般武艺演化而来，但实际上远不止十八种，目前已知的就有两百多种。

种类

十八般兵器一般包括：刀、枪、剑、戟、斧、钺、钩、叉、镗、棍、槊、棒、鞭、锏、锤、抓、拐子、流星。还有一种说法，是把钩、抓、拐子、流星换为铲、耙、戈、矛。

戈、戟、斧、钩

戈是一种长柄格斗兵器，一般认为是由镰刀类工具演化而来。铜戈在商周时期的战场上威力十足。战国后期，在战场上已经很少见到戈，原因之一是士兵的防护盔甲愈加坚固，相对于戈，戟和矛的优势更加明显。

戈

斧最初为石制，为劈砍兵器，后发展为铜斧、铁斧、钢斧，并用于战争。劈、剁、搂、砸、截、砍、削、抹为斧的主要技法，用斧时动作粗狂而勇猛。斧有长有短，又短又扁的短斧又叫作板斧，文学作品中"黑旋风"李逵就以用短斧出名，"急先锋"索超和"混世魔王"程咬金则以用大斧出名。但由于其他轻便武器的发展和斧本身笨重的特点，斧作为兵器逐渐退出战场，用斧的技法也最终失传。

石斧

戟出现于商周时期，唐代以后日渐式微。戈矛一体为戟，钩刺均可，作战时，既能攻击对方战车上的士兵，也可以刺向战车旁的敌人。

戟

因其杀伤力强于戈，战国后期戟逐渐取代戈，成为战场上的主要武器。

钺

钺为劈砍兵器，商朝时就用于战阵，它由斧演化而来，但比斧大。钺有弧形且两角上翘的三角刃，后发展为仪仗用具。直到清朝末年，青铜钺都被视作统治者权威的象征。

钺

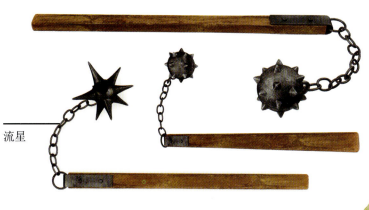

流星

流星为软兵器，有单双之分，单流星一端有铜锤，大小各异。可借猛然一抖之力将锤甩出，势如流星。双流星则两端皆有铜锤，相对难练。

流星

鞭

鞭属于短兵器，分为软鞭、硬鞭、单鞭、双鞭。软鞭较难练，其节节铁环相连，有两佩环，分七节鞭、九节鞭、十三节鞭等。单鞭中形状像竹节一样的叫作"竹节钢鞭"；有十三个方疙瘩，可两头握的叫作"水磨钢鞭"。双鞭则左手轻右手重，也叫雌雄鞭。

剑

剑为可砍可刺的短兵器。在中国春秋时期之前，剑一般作为官员佩戴的防身兵器和饰物，很少用于战场搏杀。

剑的起源

后人称剑为"短兵之祖"，此名不虚。《名剑记》有载"轩辕帝采首山之铜，铸剑……"，表明剑在黄帝时期已有。黄帝时期至东周时期的剑用于配饰和防身，而非战场，这是因其材质多为青铜，易折，剑身也较短小。

青铜剑

剑的发展

青铜剑在春秋后期因冶炼技术的进步而质量得到提高。战国后期出现铁剑，剑身细长，并有详细制剑之法。剑在春秋战国时成为战场的主要短兵器。

铁剑

走向民间

剑可刺可砍，深受习武作战之士喜爱，活跃于战场几百年，在隋唐时才逐渐退出战场。因为当时的铁制盔甲坚固，剑不易穿透。此后，退出战场的剑作为配饰流行于民间，是身份的象征。

多种用途

剑除了可用于防身、装饰，还可用作仪式道具等。如剑在道教仪式中为法器，用来降妖伏魔；在欧洲则用于册封骑士。现代的剑常用于竞技运动、艺术表演、锻炼身体等。

剑的结构与种类

剑一般分为剑柄和剑身，护手和握柄组成剑柄，剑刃、剑尖、剑锋、剑脊组成剑身。剑刃用于砍杀，剑锋用于刺击，剑柄是手握之处，剑鞘和剑穗是配物。剑鞘一般为木制或铁制，用鲨鱼皮包裹后，涂上朱漆或者黑漆。贵重的宝剑还嵌有珠宝，以显示其高贵。剑穗分文武，文配穗，武则无。剑术也非常丰富，依照形体动作分为绵剑、醉剑、工剑、行剑等，依照剑术练习内容可分为穗剑、双剑、单剑、双手剑等。

中世纪的剑

历史悠久的剑

　　剑分长剑和短剑，长剑多用于战场杀敌，短剑主要用来防身。截、削、刺都是剑的攻击招式。短剑便于携带，所以刺杀也多用短剑，例如：荆轲刺秦王。从古至今流传着许多名剑故事，例如众所周知的干将、莫邪、龙泉、太阿等。北京故宫博物院现藏一把龙泉剑，此剑是春秋时期之物，这充分证明我国制剑、用剑的历史悠久。

尚方宝剑

　　尚方：古代制办和掌管宫廷器物的官署。尚方宝剑为帝王专用，因其锐利可斩马，故亦称斩马剑。尚方宝剑被赋予特权，在未得皇命允许时可先斩后奏，许多帝王将此物赐予受重用的臣子或元老。

青铜剑

种类繁多的剑

　　剑还有许多别称，如三尺、三尺剑、七尺、利剑、宝剑等。剑的种类多种多样，根据形制分柳叶剑、圆茎剑、扁茎剑、厚格剑、薄格剑。

越王勾践剑

　　1965年，湖北江陵出土一把青铜剑，刻有"越王勾践，自作用剑"，故判定此剑为春秋末期越王勾践之剑。虽近2500年不见天日，但此剑毫无锈迹，锋利无比，可斩断铜线。

干将、莫邪剑

　　干将、莫邪剑常被人称为挚情之剑，有雌雄之分，是干将和莫邪夫妇专门为楚王铸造。不料楚王得雄剑，却杀害了为他献剑的干将。干将之妻怀着胎儿逃走了，后生下男婴，起名眉间尺。眉间尺16年后用雌剑为父报仇，杀了楚王。后人常将这两把剑一并提起，称为干将、莫邪剑。

越王勾践剑

春秋时期的剑

战国铜剑

刀

　　刀为劈砍类兵器，石器时代便出现了石制刀，刀不但可以作为兵器，而且可以用于生产劳动。刀由刀柄和刀身组成。刀柄分长短，刀身有刃和脊，厚的为脊，薄的为刃。刀不但可以用于作战，还可以用于某些仪式活动。

刀和剑的区别

　　刀和剑常被人们一并提起，但刀与剑的区别还是很大的。剑身是直的，而刀身绝大多数都是弯的；剑的两侧都有可以伤人的刃，而刀只有一边有刃，另一边为脊；剑挥舞起来有轻灵、飘逸之感，古时还有"舞剑"技艺，而刀主要用于砍杀敌人，挥舞起来气势勇猛、雄壮。

刀的崛起

　　刀一开始因为自身重量的劣势而没有应用于战争，后来因为钢铁在秦汉时期问世，刀的重量也得到大大提升。因其锋利而有韧性，故广泛用于战场上的骑兵作战。骑兵作战时主要靠劈砍而不是刺击，而且刀的重量较大，与剑相比有着明显的优势。

水果刀

刀的分类

　　刀的分类有很多，根据使用范围，刀主要分为日常生活用刀和战斗用刀。日常生活中有常见的菜刀、水果刀、餐刀等。在军事发展史上，刀也有举足轻重的作用，从古至今都能看到它的身影。

青铜刀

"入伍"前的刀

　　原始社会时，人们用兽骨、石头、蚌壳等坚硬的材料制成原始的刀，作为生产生活工具和随身武器使用，其形状各异。炼铜技术出现后，商朝出现了铜刀，其主要用于自卫、杀牛宰羊和砍削器物。虽然刀的出现并不比剑晚，但是和同时代的剑相比，刀较为笨拙，做工也粗糙，而铜剑制作精良，使用轻便；另外，因为刀的质地脆，在使用时极易折断，所以迟迟未能进入战场，而剑无论在战场上还是平常的佩戴中都被较多使用。

朴刀

朴刀

　　朴刀为长刀，宋代步兵多有使用，《水浒传》里许多好汉使用的都是朴刀。其长度一般为0.6～1.5米，其中刀刃部分长度约占刀长的一半。朴刀击杀敌人主要是靠刀刃的锋利和刀本身的重量。

砍刀

短刀

短刀

　　短刀，顾名思义，即形制较短的刀，刀柄一般用单手握持，刀身长于刀柄。短刀有单双之分，单刀一般单独使用，样式和重量都较大，单刀如斩马刀、柳叶刀等，也可与其他兵器组合使用，如单刀加鞭、盾牌等。双刀即两刀一起使用，样式和重量都较小。如鸳鸯刀、蝴蝶双刀等。

大刀

大刀的杀伤力主要体现在劈砍方面，锋利无比的刀刃也非常利于斩切。大刀为长柄刀，刀口如半弦月的称为偃月刀，刀身宽大的称作宽刃刀，刀身细长的称为眉尖刀，由此可见，一些刀名是以其形状来定的。还有挑刀、片刀、虎牙刀、屈刀、笔刀、凤嘴刀、象鼻刀等，形制多样且种类丰富。

青龙偃月刀

用刀的名人

刀作为武器历代都有许多使用者，如关羽、孙坚、关胜等都是使用刀的名人。

刀的作用

十八般兵器中有九长九短，刀是九短之首。刀从原始人的劳动狩猎工具演变为作战用的兵器，还可以作为防身的武器，是具有多种用途的工具。

矛和枪

矛和枪两者形制基本相同，但枪源于矛，且矛的历史更久。原始社会时，人们在狩猎和战争时都使用矛，当时的矛形制还较为简单。后因为需要，人们在矛的一端加上了经过磨制的兽骨或石头，这样就有了矛头，矛的基本形状便固定了。枪虽然出现于汉代之后，但因其优势较矛更为明显，所以最后取代了矛。

揭秘武器

各种各样的矛

矛是古代战争中的常用兵器，曾在历史长河中扮演过极其重要的角色，几乎每一场古代战争都有它的身影。矛：长柄有刃，是用来刺杀敌人的进攻性武器。按制作材料分类，可分为石矛、骨矛、青铜矛、铁矛等；按矛头的形状差异，可分为柳叶矛、桑叶矛和阔叶矛。

矛的构造

矛由矛头和矛柄构成。矛头又分"身"和"骹"，矛身中间称为"脊"，"脊"左右也有不同，有的左右展开带刃并前聚为尖峰；有的左右为凹槽，在刺击敌人时矛头能够减少阻力，出血进气，有"饮血"之称。脊的连接物称为"骹"，为前细后粗的直筒状。矛柄有两种，一是木柄，另一种是积竹柄。

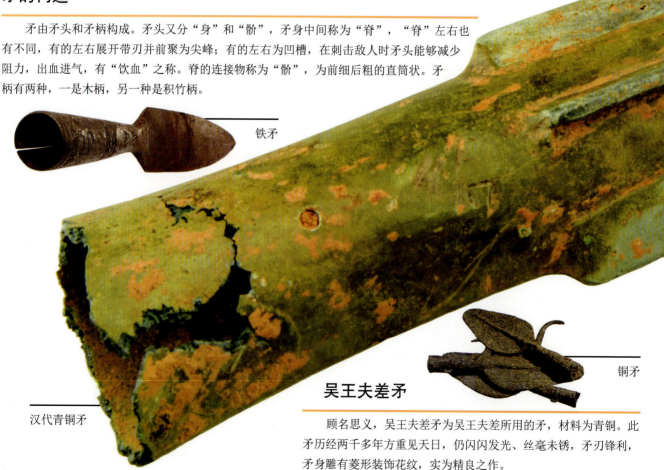

铁矛

汉代青铜矛

吴王夫差矛

铜矛

顾名思义，吴王夫差矛为吴王夫差所用的矛，材料为青铜。此矛历经两千多年方重见天日，仍闪闪发光、丝毫未锈，矛刃锋利，矛身雕有菱形装饰花纹，实为精良之作。

矛的发展

根据对矛的出土文物的研究可知，矛的使用兴盛期在西汉。随着冶炼制造工艺的提高，生产成本也随之下降，青铜兵器逐渐淡出历史舞台，出现了由铜、铁等材料复合制造出来的矛。回顾矛的使用历史，周代的矛突出实战性，简化形式，去掉两侧的环，加长了刃部。战国时铁制的矛头更加坚韧锋利，比铜制的矛头长。到西汉时，为了能够有更广的攻击范围，人们制成一丈八尺长的长矛，供骑兵作战使用。

枪的出现

矛和长枪形制相像。因长矛在战场上使用不够灵便，在汉代，军队开始用长枪作为装备。那时长枪的刃过长，形制仍接近矛头。因实战需要，长枪得到改进。晋代时枪头变短，作战时优势更明显，所以取代了矛。到唐代，枪已经成为军队作战的主要武器之一。

古代矛

标枪

矛出现的原因

矛是兵器之中最长的，是枪的前身。两军对战的时候，战车之间有一定距离，必须使用长兵器才能攻击到敌人，再用弩箭来辅助，这是矛出现的一种原因。

矛和枪的区别

矛和枪虽然形制相像，但也有许多差异。矛杆因采用金属和硬木制成，所以较重，弹性也差，作战时不够灵便；而枪杆一般采用白蜡木制成，极有弹性。两者在用法上也有差异，矛属于重兵器，主要是冲刺和砍杀；相较而言，枪就要灵活得多，招式也较丰富。

大枪和小花枪

枪有大枪和小花枪之分，前者为骑兵所用，后者为步兵所用。大枪长丈余，小枪相对短得多。大枪的柄由白蜡木所制，枪把和枪头都比较粗实。大枪因其形制长而且重所以不易使用，而小花枪形制短而且细，无论是抖动还是耍各种招式都灵活方便，所以叫花枪。

标枪

标枪实际为矛，用于投掷，也叫作投枪。标枪不但可以用于狩猎和劳动，而且活跃于战场，古希腊和古罗马的人就使用标枪作战。标枪不断发展成熟，在战场上发挥重要作用，后来演变成竞技运动使用的器械。

"年棍，月刀，久练枪"

俗语说："年棍，月刀，久练枪。"说明枪在十八般武器里还是比较难练的。但古代习武者以及作家笔下的人物中都不乏用枪的高手，例如赵云、马超、岳飞等。枪法也很多，每种枪法都有许多招式。

弓箭和弩

弓箭是人类智慧的结晶，它的出现，标志着人类开始利用储存能量攻击敌人。弩源于弓，在弓的基础上增添了机械装置，结构更加复杂，杀伤力更强。

张姓来历的传说

传说弓是由黄帝之孙——"挥"发明，挥曾担任制造弓箭的官职"弓正"。正因为有了挥发明的"弓箭"，才使得黄帝战胜了蚩尤。挥因发明"弓"有功，而得到张的封姓，成为张姓的始祖。当然这只是传说，并无史料记载。

最早的弓

弓的出现和使用是在原始社会后期，它大大提高了当时人们的狩猎效率。最早的弓，即"单材弓"，用材多为竹子或树枝。"混材弓"出现在公元前1500年左右，是用不同材料拼接制作而成，多将动物的筋绷紧后制成弓弦。

弓箭的构造

弓和箭组成了一种复合工具，即弓箭。弓由弓臂和弓弦组成，弓臂需要弹力十足，弓弦也需要选用非常有韧性的材料。使用时，弓臂的弹力和弓弦的张力能推动箭加速射出。所以在作战时，弓箭是远距离射伤敌人的好武器。

弓箭的发展

随着青铜器时代的到来，出现了铜箭镞和更加有弹力的弓，弓箭的质量得到提高。至春秋时期，弓箭可谓兵器之首，作为远射兵器很受重用。汉代，弓箭的种类更多，应用于步战、水战、骑战的弓箭应有尽有。因其明显的优势和实用性，弓箭一直活跃于战场之上，被视为重要的兵器之一。

弓的家庭成员

弓有长短之分。步兵主要使用长弓，其特点是弓很硬，并且又大又重，弓臂也很长，这样一来，拉弓变得困难，射击的速度也会减慢。但长弓的稳定性好，拉力也很大。由于作战需要，骑兵多使用短弓，弓臂较短，所以在马上也能够轻松拉弓射击，有效射程为三四十米，速度也非常快，是骑兵比较重要的兵器。

揭秘武器

木制旧弩

弩的构造

弩弓、弩臂和弩机构成了弩。弩臂的制作材料通常为木材，弩臂前横有弩弓，略偏后的位置有弩机。弩的所有部件中，最重要的部件无疑是弩机。弩机的制作材料一般为铜，较为坚固，置于弩郭中，前方可挂弓弦，有专门的挂钩，用来瞄准的准星在弩钩后面的位置，发射弩箭的悬刀位于弩钩的下面。

弩

弩箭

弩和弓都是射击类的兵器，但弩在结构上要复杂得多，两者使用的箭也有差异。弩箭较短，箭头比普通箭头更重，并装有翼，一般为羽毛翼或金属翼。螺旋形的金属翼可以使弩箭旋转前进，杀伤力不容小觑。

元戎连弩和三弓床弩

时代不断发展，弩的种类也变得多种多样，有连射弩、弓床弩等。三国时期出现的元戎连弩可以连发十支箭，操作也很方便。宋朝出现了三张大弓组合在一起的三弓床弩，将弓拉开需要约三十人。

虽然弓和弩都是弹射武器，但两者有很大差异。首先，弓先出现，而弩源于弓；其次，在构造上，弓的形制较为简单，弩有着机械装置；再次，在发射上，弓需要人力拉动，相比较而言，弩算得上古代一种自动化程度较高的武器；最后，从武器威力来看，弩无论是在射程、精准度还是杀伤力上都优于弓。

带枪栓和猎刀的弩

木弩

猎弩

木制弩

弩

最早的弩

在古代，弩最初的主要功能是狩猎，从春秋时开始用于作战。弩在汉代、晋朝和唐朝不断兴盛。湖南长沙扫把塘138号战国楚墓中出土的一件弩，保存完好。这件弩全长约52厘米。与这件弩一起出土的还有一束竹杆弩箭，箭长63厘米。弩臂等木质构件保存至今，十分难得。

陆战武器

　　陆地作战武器种类繁多，除了前述长兵器和短兵器外，还有指南车、战车、云梯和抛石机等陆地作战武器。这些武器活跃于战争舞台，是陆地作战时行军、攻城必不可少的，其重要性不言而喻。

巢车

　　巢车得名于它的外形，像极了鸟类的巢穴，在登高望远、观察敌情时所用。根据巢车上望楼的设置，可以将巢车分为两类：一类的望楼可以通过绳索升降，另一类是在高杆上固定望楼，这类车的视野开阔，设备也更加复杂完备。巢车是作战时必不可少的工具。

云梯

　　云梯是攻城作战的必备工具。在作战中遇到城墙或较高的障碍物时，都需要使用云梯。中国最早的云梯出现在夏朝，为木制长梯，顶部还装有起固定作用的铜钩。春秋战国时期，为了轻松快速地移动云梯，在云梯的底部装了轮子，故云梯也被称为"云梯车"。唐代的云梯又被称为"飞云梯"，其主体结构主要分为两部分，靠下部分为主梯，靠上部分为上城梯，各有不同作用，为了在攻城时随机应变，可以上下滑动于城墙表面。

饿鹘车

　　饿鹘车中的"鹘"是一种鸟的名字，"饿鹘车"形象地说明了该车在工作时就像饿极了的鹘啄食一样。它的主要作用是破坏敌人布置的防御工事。饿鹘车上设置可以前后伸缩、左右旋转的长杆，长杆顶端的巨型铲被用来破坏敌人的城防和撞杀敌人。

战车

　　战车即由马拉动的作战车辆，一般为木制。战车由一人驾驶，作战人员由最初的两人射箭演变为四人作战。中国战车的制作材料通常为木材，为了加固战车，只在重要的部位加上青铜制作的配件，这也能起到装饰作用。

指南车

　　顾名思义，指南车是作战时用于指明方向的车。据记载，发明指南车的人是马钧，此人为三国时期的机械制造家。指南车与指南针不同，它不是利用磁性，而是利用齿轮传动的原理来指示方向。指南车上设置一个做右手指向动作的木人，在出发之前将木人的手指指向南方，此后无论车子往哪里行驶转向都不会影响木人的指示方向。

撞车

　　撞车，主要用于撞击敌人紧闭的城门，还能用于守城，撞击敌人的云梯。撞车由车架和撞杆构成，车架负责移动，撞杆用于撞击。撞杆前端设置铁制的撞头，操作人数由几名到十几名士兵不等。

抛石机

　　抛石机利用重物的重力投射，属于抛射型武器。抛石机的机架设置横轴，将极有韧性的横杆从中穿过，横杆的两端分别置绳索和皮囊。作战时需要多人或者绞车拉动绳索到一定程度后突然放开，将石块向目标方向迅速投出。抛石机的射程主要取决于石弹的重量。

防守装备

　　战士在冲锋陷阵去攻杀敌人的同时，保护好自己也是作战的需要。古代的战士在战场上奋勇杀敌不但需要有尖兵利器，而且需要有坚固的防守装备。据记载，古代的防守装备种类齐全，形制各异，是战场上必不可少的防护用具。

铠甲

　　铠甲是常见的防护装备，士兵们将之穿在身上抵御武器攻击。最早，人们以兽皮、藤和木头等为原料制作成简陋的防护工具。生产技术的进步大大促进了铠甲的发展，后来人们发明了皮甲、铜甲、铁甲等越来越坚固的铠甲，不但有较强的防护功能，而且做工也越来越精致。

盾牌

　　盾牌一般为圆形或者方形，中间突出，呈龟背状。士兵在作战时手持盾牌以保护自己的身体。一般情况下，盾牌都被用来挡在士兵正面，盾牌里侧有一些系带，除了手持，也可以绑在胳膊上用以防止侧面的攻击。

头盔

　　头盔是主要用来保护头部的防护装备。头盔在战国的时候叫作"冑"，改称为"盔"是在宋朝。最早出现的头盔是以兽皮、兽角或者藤条为原料制成的。随着生产力的发展，出现了用青铜、铜、铁等金属材料制作的更加坚固的头盔。清末，西方的钢盔传入中国。

揭秘武器

青铜胄

我国已发现的最早的青铜胄为商朝所制，出土于河南安阳。许多青铜胄都有兽面纹饰，兽鼻为额部的中心线，兽目和兽眉向两边伸展开来，直至与耳相连，显得威严而庄重。

不可忽视的小器物

守城方一般都有巨大的优势，所以攻城方才会制造各种各样的攻城武器。守城方一般需要放火、放石、放箭等抵御敌人，就连最小的防守武器铁蒺藜都让敌人头痛不已。它虽然小，但总有一面的尖朝上，这给敌人的士兵、马匹、战车等都制造了很大的麻烦。

铁蒺藜是作战时防守所用的障碍器材。铁蒺藜有四根铁刺，使用时撒布在道路上，用于阻碍敌方、保护城池。铁蒺藜一直活跃于战争舞台2000余年。

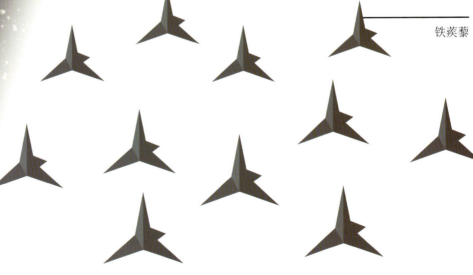

铁蒺藜

塞门刀车

塞门刀车是城门被破坏后用来守城的，约与城门等宽，门板外插满刀刃，需要几十甚至上百人推动到城门受损处，可以起到阻碍敌人进攻和代替城门的作用。

叱咤风云：枪械

在现代战争条件下，枪械是单兵作战不可或缺的武器。随着战场形势的不断变化，枪械的种类和技术也不断地推陈出新。枪械，正在以越来越完美的结构设计、越来越强大的功能，向世人展示着科技的强大力量。每一款经典枪械的横空出世，都会给人们带来无尽的冲击和震撼。

走近枪械

枪是一种轻武器，用于射击敌人。枪管的口径一般小于20毫米，工作原理是利用火药的冲击力将弹头迅速发射出去。因为枪械具有轻便、易于制造的特点，故而成为军人近战和进行敌后战争的首选武器，在部队装备中数量也最多。

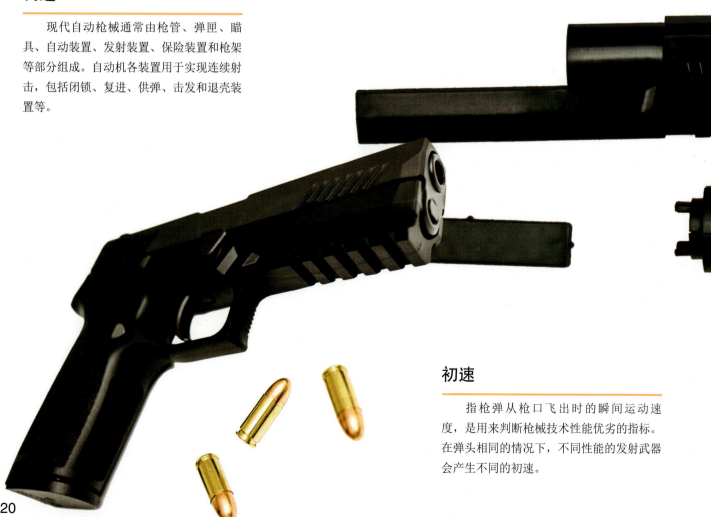

构造

现代自动枪械通常由枪管、弹匣、瞄具、自动装置、发射装置、保险装置和枪架等部分组成。自动机各装置用于实现连续射击，包括闭锁、复进、供弹、击发和退壳装置等。

初速

指枪弹从枪口飞出时的瞬间运动速度，是用来判断枪械技术性能优劣的指标。在弹头相同的情况下，不同性能的发射武器会产生不同的初速。

种类

枪械的种类非常丰富，依照类型差异，可分为手枪、冲锋枪、步枪、特种枪和机枪等；依照自动化程度不同，可分为非自动枪械、半自动枪械和全自动枪械；依照所配的弹种不同，可分为有壳弹枪和无壳弹枪；依照使用地点的不同，可分为水上和水下两类枪械。

口径

枪械的口径分三种：小口径枪械的口径为6毫米以下；普通口径枪械的口径为6～12毫米；大口径枪械的口径为12毫米以上。

最大射程和有效射程

枪械的最大射程和有效射程，前者是指弹丸在空中能够飞行的最远距离，后者是指枪械可靠射击效果的距离，也叫作射击距离。

手枪的组装和拆卸

射速

在单位时间内发射枪弹的数量叫作射速，通常计算时间为1分钟。射速有两种，即实际射速和理论射速，实际射速即战斗射速，是在实际战斗中测定的，理论射速要比它高得多。

多样的枪械

　　枪械基本可以分为手枪、步枪、冲锋枪、机枪等七类，每类又有很多不同的类型和型号。枪械还可以分为杀伤用途和非杀伤用途，非杀伤用途的枪主要为信号枪和发令枪。

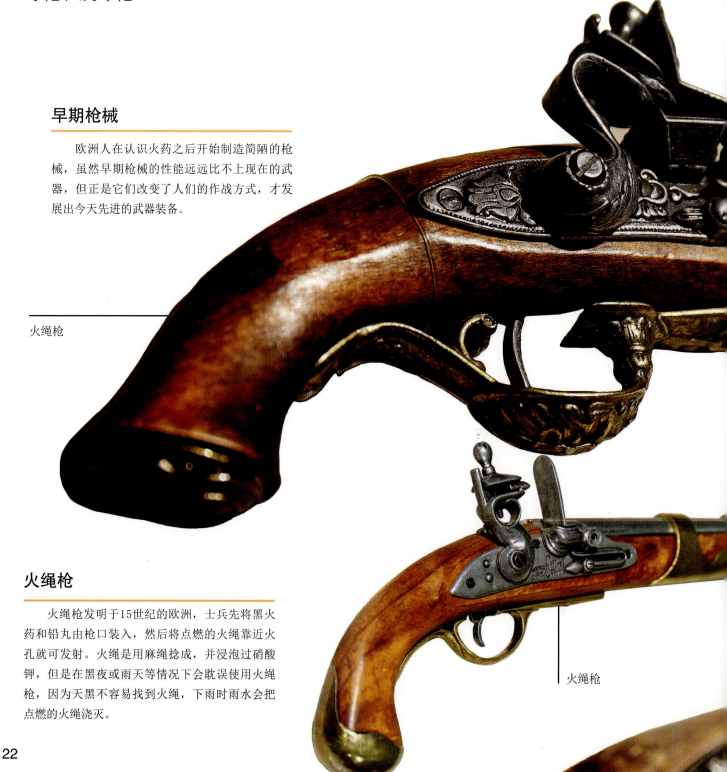

早期枪械

　　欧洲人在认识火药之后开始制造简陋的枪械，虽然早期枪械的性能远远比不上现在的武器，但正是它们改变了人们的作战方式，才发展出今天先进的武器装备。

火绳枪

火绳枪

　　火绳枪发明于15世纪的欧洲，士兵先将黑火药和铅丸由枪口装入，然后将点燃的火绳靠近火孔就可发射。火绳是用麻绳捻成，并浸泡过硝酸钾，但是在黑夜或雨天等情况下会耽误使用火绳枪，因为天黑不容易找到火绳，下雨时雨水会把点燃的火绳浇灭。

火绳枪

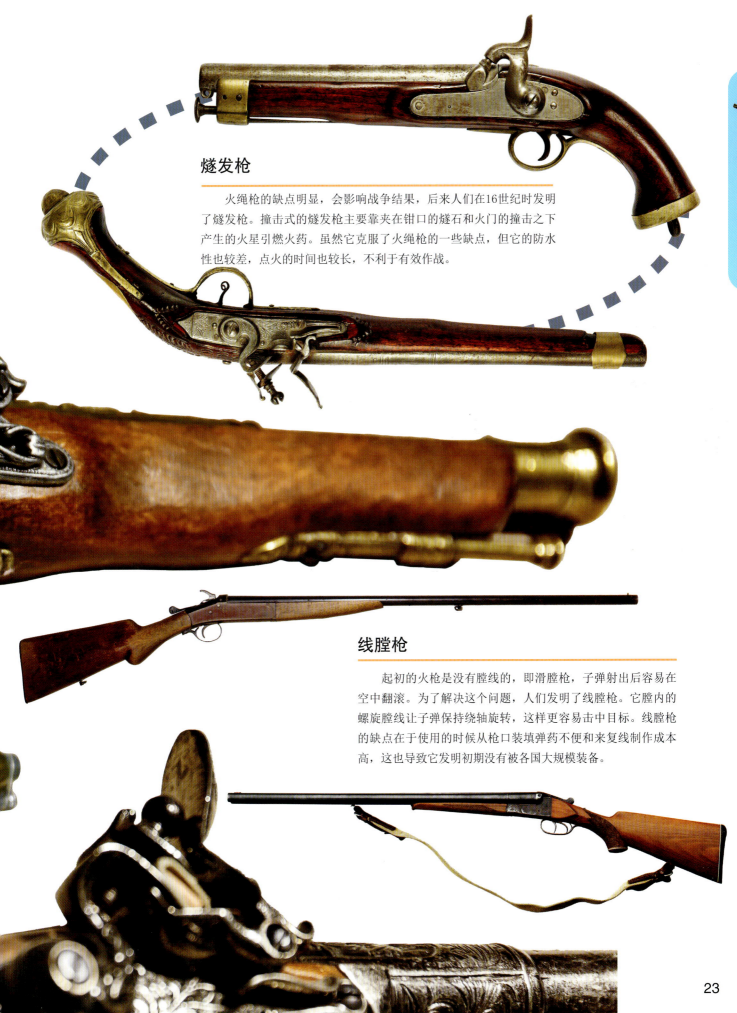

燧发枪

火绳枪的缺点明显，会影响战争结果，后来人们在16世纪时发明了燧发枪。撞击式的燧发枪主要靠夹在钳口的燧石和火门的撞击之下产生的火星引燃火药。虽然它克服了火绳枪的一些缺点，但它的防水性也较差，点火的时间也较长，不利于有效作战。

线膛枪

起初的火枪是没有膛线的，即滑膛枪，子弹射出后容易在空中翻滚。为了解决这个问题，人们发明了线膛枪。它膛内的螺旋膛线让子弹保持绕轴旋转，这样更容易击中目标。线膛枪的缺点在于使用的时候从枪口装填弹药不便和来复线制作成本高，这也导致它发明初期没有被各国大规模装备。

23

步枪

　　步枪是现代步兵的主要作战装备，可发射枪弹击伤、射杀对方有生目标。按自动化程度分为非自动、半自动和全自动步枪，每类步枪的有效射程和杀伤力也不同。

起源和发展

　　步枪为长枪，属管型火器。现在五花八门的枪都是以步枪为基础而设计并发展而来的，称它为"枪中元老"毫不为过。步枪可以用子弹和刺刀、枪托攻击敌人。最早利用火药的抛射性来将弹头迅速推出的火器发明于中国。最早的管形射击火器是中国南宋时期发明的竹管突火枪，后来才有火绳枪、燧发枪等，直到后装枪代替了操作不便的前装枪。

步枪的构造

　　步枪由枪托、弹匣、扳机、瞄准仪、枪管等部分组成。枪托可供战士在和敌人近身格斗时配合刺刀使用，弹匣用来存放子弹，瞄准仪用来瞄准、矫正射击位置。

步枪

世界上第一支连发步枪

　　因为战争的需要，连发步枪在1860年应运而生，发明者是美国的斯潘塞。当时的美国总统林肯在测试后很满意其射击效率，下令美国北方陆军统一装备。这种枪的枪托内有一个直通枪膛的洞作为弹仓，弹仓可装10发子弹，利用洞口的弹簧推动子弹入膛发射。

步枪

现代步枪的主要特点

现代步枪优点众多，如寿命长，采用弹夹供弹，有多种发射方式，有枪口制退器、消焰器、防跳器等较先进的设备部件，自动化程度高，初速射速快。

现代步枪之父

法国军官德尔文在1825年对线膛枪进行改进，设计了枪管尾部带有药室的步枪。步枪的发展受到德尔文发明的影响很大，恩格斯称他为"现代步枪之父"。

分类与特点

按照用途、自动化程度、所用枪弹，现代步枪有许多分类。按用途可分为普通步枪、突击步枪（又称自动步枪）、卡宾枪、狙击步枪和反坦克步枪等。按自动化程度可分为非自动、半自动和全自动三种。按所用枪弹可分为大威力枪弹步枪、中间型枪弹步枪和小口径枪弹步枪。

卡宾枪

　　卡宾枪也有骑枪、马枪之称，据说是截短普通的步枪枪管制成的，后来卡宾枪也被步兵广泛使用。卡宾枪轻便易携，精确度高，有效射程为200～400米，弹头初速不高。

突击步枪

　　突击步枪是冲锋枪和步枪结合的产物，是重量轻、长度短、火力猛的全自动步枪，也是现代步枪中的主要枪种，尤其是小口径突击步枪深受各国军人喜爱。

突击步枪

突击步枪

现代步枪的口径

　　现代步枪口径众多，主要有5.45毫米、5.56毫米、7.62毫米等不同口径，甚至还有11.43毫米、12.7毫米口径的步枪。欧美国家青睐5.56毫米口径步枪，俄罗斯则偏爱5.45毫米口径步枪。

卡宾枪

卡宾枪

卡宾枪

枪管发热现象

　　子弹在发射过程中与枪管高速摩擦，以及炸药在枪膛产生的高温，会使枪管发热严重，虽然制作枪管的材料中包含钨，使得枪管不易变形，但长时间使用还是会对枪支的射击精准度和射程造成影响。所以一些高速机枪上都带有降温装置，如著名的马克沁重机枪就带有水冷装置，以确保枪管温度保持在100℃左右。

M14式自动步枪

　　M14式自动步枪是20世纪50年代美国步兵的制式装备和主要单兵作战武器，是美国斯普林菲尔德兵工厂基于M1"加兰德"半自动步枪的原理改进制造的。1958年后的10年中，该枪产量巨大，超过130万支。

揭秘武器

M14式自动步枪的性能

　　M14式自动步枪口径为7.62毫米，长1.12米、重4.5千克，配有能容纳20发子弹的弹匣，有效射程为700米，理论射速700～750发／分钟，射击方式有单发和连发两种。

丛林中的没落

　　由于重量大，M14式自动步枪在越南战场上的丛林徒步作战中很受限制；同时，由于M14式自动步枪在湿热的环境下全自动射击时后坐力大，不易控制，故没有发挥很好的性能，被下令停产。

沙漠中的重生

M14式自动步枪在2003年美国对伊拉克的军事行动里，在恶劣的条件下，仍旧发挥出了比M16式步枪更好的性能，因此，它重新回到人们的视线中。

今天的M14式自动步枪

M14式自动步枪有比较明显的缺点，但也有独特的优点：射击威力大，适应一些沙漠、山地或者海面作战等，这些得到部分人的喜爱，因此其至今依然没有彻底退出美军序列。美国军校训练射击也使用M14式自动步枪，美国一些机构也在使用M14式自动步枪，如仪仗队、护旗队等。

实用的M14式自动步枪

随着使用需要和研究进步，M14式自动步枪还发展出许多枪种，如比赛步枪、枪榴弹发射器、狙击步枪和礼仪枪等。该枪作为一把战斗步枪一直受到重用。

M16式自动步枪

M16式自动步枪是当今世界六大名枪之一，在军事史上首次以小口径步枪装备部队并参加实战。它引导了很多轻武器小型化的发展趋势，如今仍有近100个国家在使用这款武器。

人

揭
秘
武
器

前身

M16式自动步枪的设计于1956年出自美国的尤金·斯通纳之手，其前身是AR-10式自动步枪，口径为7.62毫米，后缩小为5.56毫米，名为AR-15式自动步枪。其更名为M16式自动步枪是在1961年的越战后，其性能优越，广受称赞。

美国口径5.56毫米M16式自动步枪

特点

M16式步枪的工作原理是导气式，可以单发和连发，使用便捷。它从身形到重量都轻便易携，是矮个子士兵的好伙伴，在狭窄的空间里更是游刃有余。

M16式自动步枪

改进型

斯通纳不断地对"M16"进行改造,让它拥有性能优良、轻便易携、后坐力小等优点,于是相继出现了"M16A1""M16A2""M16A3""M16A4"等许多"M16"系列的枪,所以说它是世界上最优秀的步枪毫不为过。特别是经过实战检验产生的"M16A1"。1967—1980年,它一直在美国陆军中受到重用。

M16系列步枪

不足

虽然M16式自动步枪是公认的自动步枪的首选,但是它也有一些不可忽视的缺点。它的自动机很轻,枪膛会因为一定量的火药气体而受到污染;在一定的恶劣环境下,还需要手动推枪机到位。

狙击步枪

狙击步枪也叫高精度战术步枪，枪管长，经过了特殊加工；射程远，配置能精确瞄准的瞄准镜，射击精度高；主要以半自动方式或手动单发射击。被人称为"一枪夺命"的武器。

狙击步枪

TAC-50狙击步枪

TAC-50狙击步枪，由美国麦克米兰公司生产，20世纪80年代投入军队及相关部门使用。曾在阿富汗战争和伊拉克战争中大放异彩。TAC-50狙击步枪的性能优越，其他同类的枪械无法与之相比。

TAC-50狙击步枪

狙击手的好帮手

TAC-50狙击步枪的子弹高度大约和听装可乐的高度一样，子弹口径为12.7毫米，所以该枪有着非常惊人的破坏力，甚至连坚固的装甲车和直升机都可以轻易破坏。狙击手有了它，狙击的成功率得到很大提高。

揭秘武器

经受考验

M24性能卓越，参加过海湾战争、伊拉克战争、阿富汗战争。美军的特种部队和突击队员在1991年海湾战争中就是使用M24，在当时恶劣的沙漠环境中，改进后的M24能在-45℃～65℃的气温条件下正常使用。

M24狙击步枪

M24狙击步枪，于20世纪80年代后期开始装备美国陆军，成为美国陆军的主要远程狙击武器。该枪采用旋转后拉式枪机，闭锁稳定性好，结构简单，枪体与枪机配合紧密，因而精度较好。枪管采用不锈钢重型枪管。

存在争议

　　M82A1也存在一些争议，因为该枪配备超大口径的子弹，并且弹头是全金属被甲，能够轻易击穿防弹衣、墙壁甚至装甲车，就连等级为8的防弹玻璃也能穿透，所以美国加利福尼亚州禁止私人拥有该枪，因为政府认为普通公民不会需要这种大杀伤力的枪械。

摄影师的杰作——M82A1

　　M82A1半自动狙击步枪的设计出自摄影师朗尼·巴雷特之手，于1982年由巴雷特公司推出。"M82A1"的半自动发射和短后座设计的最初开发者是勃朗宁，巴雷特在这种原理上进行创新使之能抵肩射击。

远距离之王——M-200

M-200狙击步枪由美国军火公司生产,其射击距离位列现代狙击步枪前茅,枪托可自由伸缩,采取手动枪机操作,枪托装置折叠后脚架和托腮架,使射击的稳定性大大增强。

M-200的衍生型

M-200狙击步枪的衍生型有M-200标准型、M-200卡宾枪型、M-300、M-325。这些衍生型的差异主要在于枪管长度,枪管的长度会决定初速。

手枪

　　在枪械的大家族里，手枪以其特有的性能独领风骚，不可替代，在各个时期被广泛应用，广受欢迎。从柯尔特发明了第一支有实用价值的左轮手枪开始，手枪便迅速打开了枪械市场，成为一种普遍的单兵战斗武器，包括左轮手枪、半自动手枪、运动手枪以及其他一些特种手枪在内的各型手枪。

起源与演化

　　手枪大约出现在15世纪，一开始叫作"短枪"。手枪的起源演进和步枪非常相像，大致经历了火门手枪—火绳手枪—转轮发火手枪—燧发手枪—击发手枪—转轮手枪—自动手枪的发展过程。虽然近代手枪在技术上并没有重大的突破，但仍得到了一定的发展。包括手枪自动原理和结构的改进与发展，而且手枪的口径也经历了一个由大到小，又由小到大的发展过程。

身份象征

　　和古代的剑一样，除了用于作战和自卫，手枪也可以作为使用者的身份地位象征，是区别于其他普通士兵的标志。一些高级的手枪已经成为工艺手枪，在制作时会加上黄金、珍珠等材料，显得精致而高贵。

结构

　　手枪的组成部件有套筒、枪管、弹膛、扳机、保险机、击锤、弹匣、弹簧等。手枪关上保险之后，击锤、扳机、套筒都没办法使用，只有打开保险才能将子弹上膛。

发展趋势

为适应需求的变化，手枪也在与时俱进。目前的发展重点是：双动式手枪、进攻型手枪、大口径手枪、手枪系列化和弹药通用化、用冲锋手枪和小口径冲锋枪取代手枪。

子弹和口径

根据时代发展和实际需要，现代手枪体积小、质量轻，配用的子弹也比较短小，有着圆钝的弹头，口径在7.62毫米和11.43毫米之间，9毫米左右的口径最为常见。

手枪的种类

手枪可以按照用途来分类，有自卫手枪、战斗手枪、特种手枪；也可以按照构造来分类，有转轮手枪、自动手枪和气动手枪。除了这些分类，还有用于发射信号和照明的手枪，也有执行特殊任务用的手枪，例如隐形手枪（又名间谍手枪）。

自动手枪

舍恩伯格手枪是世界上第一把自动手枪，口径8毫米，1892年，由奥地利人研制推出。该枪自动装填，一般为单发射击，弹匣位于握把处，可容6～12发子弹。自动手枪性能优良，成为现代的主流手枪。

转轮手枪

转轮手枪又叫左轮手枪，名字来源于装弹方式，此枪装子弹的时候转轮可以从左边甩出。该枪弹仓又能做弹膛，位于转轮上，数量为5个或者6个。发射的时候把子弹放到弹巢里面，旋转转轮使子弹正对枪管即可。

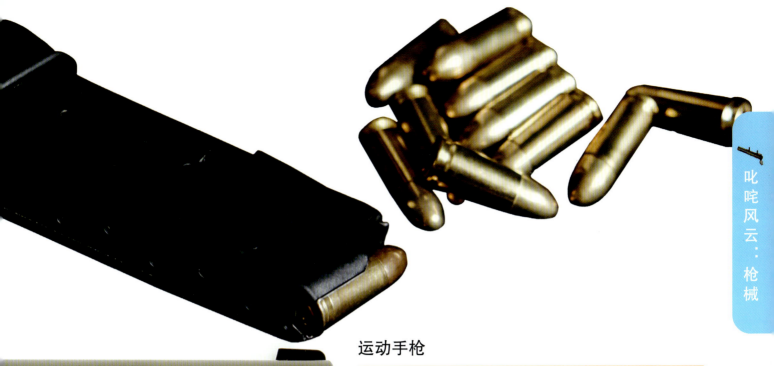

运动手枪

运动手枪专用于射击运动赛事，供职业运动员使用，枪弹也是特制的。运动手枪的外形、重量、枪弹的规格都有严格规定。因比赛严格，运动手枪的制造精度很高，还要根据运动员的个人使用特点来加工，所以造价很高，比普通手枪高出十几倍至上百倍。

神秘的公文包

间谍枪中的公文箱枪从外形看和一般的文件包并无差异，但是里面就大有文章了。包的里面装有短枪，为执行特殊任务还配置了消音器。在公文箱的下方有铜环，这也是整个机关的开关，一旦拉动铜环，枪就开始工作，最终从箱子的小孔射出子弹，一般不会被人发现。

冲锋手枪

冲锋手枪兼有自动手枪和冲锋枪的功能。许多冲锋手枪都有枪托，可以抵肩射击，但因为连发时后坐力太强而不易控制。

隐形手枪

隐形手枪是怎么隐形的呢？隐形手枪又叫"间谍手枪"，主要是依靠把手枪的外形制作为普通的日常用品，例如钢笔、雨伞、手杖、打火机等；另一个就是方便携带，不容易引起别人注意，就连发射时的响声都很微弱，是用于执行近距离秘密任务的特种手枪。

"毛瑟"手枪

　　"毛瑟"手枪的名字来源于制造厂，它的制造商是德国毛瑟兵工厂。"毛瑟"手枪的拆装简便是出了名的，用一颗自带的子弹就能轻松分解此枪。"毛瑟"问世后大量生产，在将近40年的时间中，其设计都没有再进行改变，可见其原始设计的完美程度。

诞生与发展

　　1895年，毛瑟兵工厂研制出世界上第一支军用自动手枪——7.63毫米口径"毛瑟"手枪，该枪是在费德勒三兄弟的发明基础之上改进而成的。后来，毛瑟兵工厂又成功推出了许多手枪，例如：1877式手枪、1886式手枪、1896式手枪、1909式手枪、1932式冲锋手枪和"毛瑟"左轮手枪等。

20世纪中国的枪械宠儿

　　"驳壳枪""匣子枪""盒子枪"，这些都是"毛瑟"手枪在中国的别称。它在中国盛行的原因是，当时在日本的封锁下，西方只能出口给中国"毛瑟"手枪，所以中国的很多武装力量都使用此枪，也曾自己仿制。中华人民共和国成立之前，此枪在中国大约有40万支。

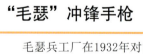

1896式"毛瑟"手枪

　　1896式"毛瑟"手枪在国际上享有盛誉，两次世界大战中都有它的身影。其产量有200万支，使用国家达50多个，由它衍生的变形枪和仿型枪数量多达上百种。中国的南昌起义中也用到了这款枪。

"毛瑟"冲锋手枪

　　毛瑟兵工厂在1932年对7.63毫米口径自动手枪进行了一些改造，制成了"毛瑟"冲锋手枪。这些改造之一就是安装了发射转换器，单发和连发都能够使用。"毛瑟"冲锋手枪火力威猛，操作简便，还可以抵肩射击，有效射程也很长。

揭秘武器

历史价值

    在武器严重短缺的游击战时期，毛瑟C96系列手枪得到抗日游击队的青睐和推崇，在中国的"十四年抗战"中有着不可磨灭的功劳。从问世到停产，毛瑟公司共生产了100余万支毛瑟C96，其中70%销往中国，而中国的仿制量更是几倍于此。毛瑟C96系列手枪可称得上是短后坐力原理手枪中的经典，其设计理念至今仍值得借鉴。

"勃朗宁"手枪

　　"勃朗宁"手枪是美国著名机械大师勃朗宁首次采用"柯尔特—勃朗宁式自动原理技术"设计的系列手枪，使用该系列中最著名的9毫米口径手枪的国家达70多个。

威力极大

　　该枪是美国著名轻武器设计师勃朗宁在20世纪初设计的，它结构简单、弹夹容量大、使用方便、威力极大。该枪的设计采用了枪管短后坐式自动方式和枪管偏移式闭锁结构。

联合制造

　　勃朗宁19世纪末开始研制手枪，其产品主要由三家公司联合制造：FN国营兵工厂（比利时）、柯尔特武器公司（美国）、雷明顿武器公司（美国）。勃朗宁手枪有着较为丰富的种类，包括军用、警用、袖珍手枪等，口径有三种：6.35毫米、7.65毫米和9毫米。

"勃朗宁" M1911手枪

M1911半自动手枪之所以被称为最受欢迎的手枪，原因是其曾历经多次战争（一战、二战等），在手枪系列中，其使用寿命最长。该手枪因为具有高装弹量和快换速弹匣的特点，成为现代手枪的设计标准之一，众多国家仿造该枪，总产量高达250万支。

不断创新

20世纪末，比利时赫斯塔尔国家兵工厂设计出的"P90"虽然只有枪管、机匣、枪机、弹匣这简单的四个部件，但其射速却可达850米／秒，连150米外的钢盔都能轻易射穿。这不仅是勃朗宁创新精神的延续，而且使得该制造商一跃成为行业内的佼佼者。

"沙漠之鹰"手枪

"沙漠之鹰"手枪特色鲜明，因尺寸巨大，又被称为"手炮"，威力巨大。其枪管是多边形的，在结构上使用突击步枪所使用的导气式自动方式和机枪回转式闭锁结构。该枪口径大，射击精度高。

影视作品中的宠儿

"沙漠之鹰"有着粗犷的外貌，是好莱坞的宠儿。它曾出现在多达500部的电影、电视中，施瓦辛格的《幻影英雄》中就有"沙漠之鹰"手枪的身影。

"沙漠之鹰"的诞生

"沙漠之鹰"手枪生产于20世纪末，是美国马格南研究公司（MRI）设计出的主要用来打猎和竞赛的手枪，也是世界上第一款可以发射转轮枪弹的半自动手枪。

沙漠之鹰手枪

优点与不足

"沙漠之鹰"系列手枪精度高、威力大，这是因为其采用固定式枪管和多边弧形膛线。但它后坐力大，抛壳动作猛烈，除了不方便连续射击，还需要随时调整射击姿势。

"格洛克"系列手枪

"格洛克"系列手枪型号众多（17式、18式等），因为具有重量轻、方便作战等优点，所以深受各国警察喜爱，特别是美国警察。它的制造商是奥地利格洛克公司。

"格洛克"17式9毫米口径手枪

20世纪80年代，格洛克公司制造的口径9毫米、子弹初速350米/秒、弹匣容量为17发的"格洛克"17式手枪深受各国军队和警察的喜爱，在美国警用枪械市场销售时甚至占销售总额的40%，是手枪中的佼佼者。

"格洛克"17式手枪独特的结构

不同于普通的手枪，"格洛克"17式9毫米口径手枪的套筒座等基本部件都是塑料材质的，除了重量轻，还有独特的扳机保险装置，降低了走火事件的发生概率。它是格洛克公司应奥地利陆军要求，在1983年设计的。

相比同类型手枪，"格洛克"19式9毫米口径手枪结构紧凑、体积小、重量轻、易携带，属袖珍式手枪，适用人群主要是从事特殊工作的人员，如情报人员等。其灵感来源于"格洛克"17式手枪。

"格洛克"26式9毫米口径手枪

"格洛克"26式9毫米口径手枪比同类型的手枪更小，在技术方面更加成熟，更加适合手指的把握。此外，该手枪创新了技术，在复进簧导杆上运用了双复进簧。

家族庞大的"格洛克"

"格洛克"手枪产自奥地利的格洛克有限公司，在基本结构上进行改动，形成了一个系列。最初的"格洛克"手枪产于1983年，现在已经成为一个种类丰富的大家族，枪族成员多达34个。格洛克以其出色的质量享誉世界，成为大多数国家军队和警察的标配用枪。

警界骄子——HKP7手枪

　　号称"警界骄子"的HKP7手枪是德国的赫科勒·科特（HK）公司在20世纪70年代对HK4型手枪升级后得到的版本。此手枪在与众多手枪的比赛中脱颖而出，名声大噪，同时也得到官方的认可，之后很多部门大批量采购使用此手枪。

揭秘武器

P7手枪系列

　　P7手枪作为一种尺寸紧凑的手枪，却拥有全尺寸手枪的威力和精度，因此受到广泛欢迎。它被德国、美国等许多国家的警察所采用，也销往世界上许多国家的民用市场。P7手枪系列于20世纪70年代后期研制，主要包括P7M8、P7M13、P7K3、P7M10、P7PT8等5种型号。

构造

　　P7手枪属半自动手枪，单发发射，口径为9毫米，子弹初速为350米／秒、弹容量分为13发、8发两种，枪长171毫米，装弹8发时重950克。最突出的部分是此枪具有握把保险装置，除具有安全保障外，还增强了射击的准确性。该枪的研制充分体现了德国人精益求精的创造精神和细致入微的工作态度。

不断改进

为了提高工作效率和手枪威力，HK公司对HKP7手枪进行不断改进，如增加弹夹的容量，采用大口径的子弹，等等。P7系列手枪不仅在德国，世界上许多国家的警察至今仍在使用该系列手枪。"警界骄子"的美誉由此而来。

枪中之王——机枪

机枪是陆地作战的重要武器，能在短时间内连续发射枪弹，用于火力打击、压制对方有生力量。机枪分为轻机枪、重机枪、班用机枪和通用机枪。

最早的机枪

机枪又叫机关枪，由于具有射程远、杀伤力大、能连续射击的优点，所以还有"枪中之王"的美称。

最早的机枪是美国人加特林在1861年制造的机械式机枪，该枪由于把枪管固定在可旋转的圆筒上，故随着手柄转动可完成装弹、射击、退壳的动作，因此，当人们使用熟练后可每分钟射击400发。

战场上的机枪

机枪具有极强的破坏性，它在一战期间使步兵密集的进攻队形和战术没有用武之地，导致战场主要形态不得不呈现为"堑壕战"。二战期间，冲锋枪和半自动步枪开始崭露头角。虽然机枪被夺去了耀眼的光芒，但是德国首创的通用机枪仍然备受瞩目。

机枪的构造

机枪包括枪身和枪架，以及瞄准装置。枪身的构成部分有枪管、机匣、自动机、复进机、握把、枪托。枪架的作用主要在于支撑枪身和提高射击的稳定性、精确性。

加特林机枪

加特林机枪

枪管

握把

M134型速射机枪

不容小觑

　　机枪在历史上的战争中起到的作用很大，但它的构造和工作原理却非常简单。士兵使用机枪每分钟能够发射几百发子弹，消灭一个排的部队简直易如反掌。为了对抗机枪，武器专家们研究出坦克等重型装备，可见机枪在战场上的能力不容小觑。

冲锋枪

　　冲锋枪是介于手枪和机枪之间的双手握持、发射手枪弹的全自动枪种。与步枪相比，冲锋枪易携带、可迅速开火、火力猛、射速高，适合近战和冲锋时使用。它在200米范围内具有良好的作战效能。

揭秘武器

诞生与发展

　　冲锋枪产生于一战时。为了满足战争的需要，意大利在1915年设计了一种理论射速高、发射9毫米手枪弹的双管连发枪，被人们称为"维勒·帕洛沙"，其被誉为冲锋枪的鼻祖。

构造

　　冲锋枪包括枪管、枪膛、枪机等部件，其中枪机的作用是送弹和击发，复进簧是其能量来源。

局限性

　　二战后期，冲锋枪因为枪弹威力小、有效射程短、射击精度差等缺点导致战术地位迅速下降。当小口径突击步枪进入战场时，冲锋枪就真正从战场上消失了。

现代冲锋枪的特点

现代冲锋枪分为轻型和微型两种，轻型冲锋枪重约3千克，微型冲锋枪重约2千克。现代冲锋枪多采用折叠枪托，枪托全长550～750毫米；自动方式多为枪机后坐式，由于枪机较重，射击时撞击力较大；射击方式可分为单发、连发，以连发射击为多见。

冲锋枪

现代冲锋枪的口径和弹药

轻型冲锋枪多使用手枪子弹，随着冲锋枪口径的统一，大多使用9毫米×19毫米的"帕拉贝鲁姆"手枪弹，少部分使用7.62毫米×14毫米子弹。

冲锋枪的优越之处

冲锋枪具有灵活、轻便、射速高和反应快等优点，它能够在短时间内提供较好的火力压制，集手枪的机动性和步枪的准确性于一身。冲锋枪比较适合在巷战中使用。随着科技的进步，步枪的性能不断提升，步枪和冲锋枪两者之间的界限已经不再明显，在未来两者可能会更好地融合。

榴弹发射器

　　榴弹发射器发射的榴弹可杀伤目标区域内的群体目标，可以填补手榴弹和迫击炮的火力空白，是一种杀伤力较大的单兵武器，被广泛应用于步兵分队。美国在20世纪六七十年代第一次在对越战争中使用了榴弹发射器，之后榴弹炮受到各国的青睐。

构造

　　榴弹发射器因外形、结构和使用方法近似于步枪和机枪，所以又有"榴弹枪"或"榴弹机枪"的称谓。它是一种用于发射小型榴弹的轻武器，火力介于手榴弹和迫击炮之间，由发射器、机匣、瞄准装置、击发机构、保险机等构成。

类型

　　按自动化程度，榴弹发射器可分为三种：非自动、半自动和全自动。非自动榴弹发射器只能单填单射；半自动榴弹发射器可自动填装，单发射击；全自动榴弹发射器则是自动填装，可连射。按结构形式不同，分为两种：整体型和附装型。整体型榴弹发射器有肩托或座板，可扛肩或挂地射击；附装型榴弹发射器则附在步枪枪管下射击，又名"枪挂式榴弹发射器"。

榴弹发射器

榴弹发射器

潜力巨大

　　据统计，给部队装备榴弹发射器的国家有30多个，采用的口径一般在30～50毫米。榴弹发射器的独特作用使它非但不会被淘汰，反而会在未来的战场上不断完善和发展。

手榴弹

是由步兵用手投掷的一种小型炸弹，主要用于近距离作战，在现代战场上仍具有重要的使用价值。大致分为4类：杀伤手榴弹、照明手榴弹、化学手榴弹(燃烧、发烟、反暴乱、眩晕等种类)和教练手榴弹。

枪榴弹

枪榴弹是挂配在枪管前方用枪和枪弹发射的一种超口径弹药，主要用于杀伤有生目标，摧毁各种轻型装甲、永久火力点等野战工事。

微声枪

微声枪又称无声枪，它并不是不会发出声音，而是声音微弱到不会引起人的注意，使敌人无法察觉。主要用于特殊任务，是侦察、反恐的好帮手。

原理

射击后枪内所产生的高压气流在消音器的作用下多次膨胀、消耗气体，剩余气体喷出套筒时，压力及速度都很低，声音随之变弱，降低了气动力噪声。

执行特殊任务

微声枪多用于执行侦察等特殊任务，微声枪击发时声音微弱，使射手的隐蔽性大大增强。

子弹

微声枪使用的子弹由于初速低，杀伤力随之降低。经研制，子弹发射后所产生的气体被封闭在密闭枪膛内，避免与空气摩擦，从而降低噪声。

水中兵器

　　水中兵器是埋伏布置在水中，能在水中毁伤目标的武器，主要用于爆炸破坏水面或水下舰船、码头设施、水坝和堤防，封锁港口、航道等，是水下作战的重要武器。舰艇、飞机都可装载使用，也可在岸上发射，用于打击水面及水中目标。

种类

　　水中兵器包括鱼雷、水雷、深水炸弹、反鱼雷、反水雷，还有各种水中爆破器材。

水雷

　　水雷是布设在水中，有舰船碰撞或进入爆炸区域时引爆的爆炸性武器。其造价低、布设简便、隐蔽性好。按引爆方式区分，有触发、非触发和控制水雷三种，是现代海战必备的武器。

水雷

鱼雷

　　鱼雷形状像鱼，在水下具有自动行进功能，并能自动控制深度和方向。现代鱼雷具有速度快、射程远、隐蔽性好、命中率高和破坏力大等特点，可称为"水中导弹"。

鱼雷

自动跟踪水雷

　　雷体、雷锚和识别控制系统是自动跟踪水雷的三大构成要素。雷体密闭，内装一枚自导鱼雷，布设入水后，由雷锚将其系留在一定深度，以锚雷的形式潜伏于深水中。目标进入作战范围后，识别装置自动识别，如确认为目标，雷体盖打开，鱼雷启动并从雷体内射出，由自导装置控制并攻击。

第二次世界大战反潜用水雷

旧水下水雷

水雷

深水炸弹

　　深水炸弹一般分为核装药及火箭式两种，并且是由水面舰艇或飞机投射水下定深爆炸的水中兵器。核装药深水炸弹多用作反潜导弹弹头。火箭式深水炸弹则是装配在舰艇首部，由多管速发，在数百米到数千米的射程内，以火箭发动机的推进方式运行，尾翼用来稳定其空中飞行和入水下沉的全程弹道，用来打击潜艇和水下舰船。

光辉使命：火炮

火炮最早起源于中国，14世纪上半叶，欧洲第一款发射石弹的火炮面世。世界上第一次炮兵远征，始于元朝蒙古人西征，火炮在战争中大显神威。历经几个世纪的发展演化，火炮的种类和性能不断丰富提高，成为陆战中的重器。

战争之神——火炮

火炮是一种发射弹丸的射击型武器，其口径大于20毫米，主要以火药为能源，是一种能造成大面积杀伤的重武器，是陆军兵器中的重要组成部分和主要火力突击力量，在历史上有"战争之神"的称号。

起源

火炮最早起源于13世纪末14世纪初的中国。最早的火炮就是一种又粗又黑的管形火器，虽其貌不扬，但威力巨大。其制作材料是铜，被称为"铜火铳"。这种铳炮没有照门和准星组成的瞄准装置，且重量、长度和口径都没有统一标准，因此，其在命中率和射程等方面存在局限性。

作战用途

火炮种类繁多，可以发射多类型的弹药，攻击力很强。火炮可以射击和摧毁空中、水上以及地面目标，可以压制多种技术兵器和有生力量，可以将多种装甲目标击毁，可以将各类防御工事及设施摧毁或协助完成某些特种任务。

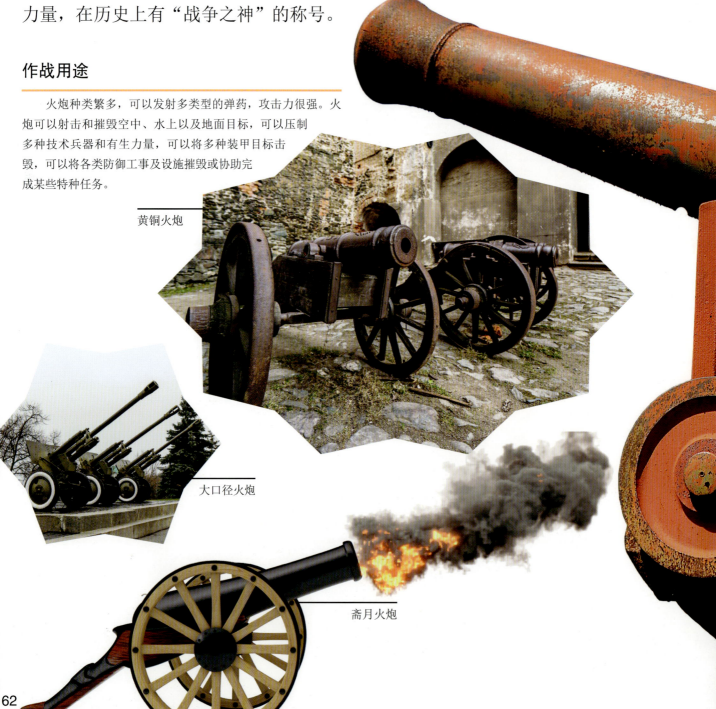

黄铜火炮

大口径火炮

斋月火炮

老式火炮

性能不断提升

　　火炮制作技术不断发展，到19世纪末，一些国家相继选择无烟火药和强度更高的制炮材料，采用筒紧炮管、缠丝炮管，这些都大大提高了火炮性能。此时的火炮加大了弹丸的重量，又采用复合引信技术，使弹片杀伤力大大提高，1897年，首门设有反后坐力装置的现代型火炮诞生。20世纪初，测角仪、瞄准镜等仪器的采用，拉开了现代火炮发展的序幕。

构造

　　一般来说，火炮由炮身和炮架两大部分组成，炮身又分为炮口装置、炮闩、炮尾和身管几个部分。其中，炮口制退器的作用是减少炮身后坐力；身管的指向和长度则决定着弹丸的飞行方向和初始速度；炮闩的作用是把炮膛闭锁住、把炮弹击发出去、把发射后的药筒抽出来。炮闩的核心零件是闩体，在发射时承受燃气的压力，由闭锁结构、击发结构、抽筒结构、保险结构、半自动结构和复拨器组成。

火炮

火炮的种类和发展趋势

火炮在战场上接受了检验，也让各国认识到了火炮的重要性，所以武器设计专家们就研制了适应各类战场需要的火炮。

无后坐力炮

有的火炮在发射时炮身不后坐，称为无后坐力炮。其实，它在发射时也有后坐力，只是火药气体向后方喷射时产生了巨大的反作用力，这种反作用力抵消了后坐力。这种火炮的结构简单，适合压制敌方火力点和打击装甲目标。到20世纪70年代之后，由于反坦克导弹和装甲技术的不断发展，无后坐力炮也逐渐退出了战场。

种类

现代火炮根据运动方式不同可以分为自行火炮、机械牵引火炮和固定火炮；根据口径大小可以分为小口径、中口径和大口径火炮；根据用途不同可以分为舰炮、航炮、反坦克炮、高射炮、地面压制火炮等。而地面压制火炮又有火箭炮、迫击炮、加农榴弹炮、加农炮和榴弹炮等类型。

佛朗机炮

15世纪末16世纪初，中国称葡萄牙火炮为佛朗机炮。这种火炮设有几个子炮，每个子炮能装500个铁弹，多个子炮轮流安装，用完了一个子炮的弹丸就换下一个，这样就大大提高了射击速度。另外，佛朗机炮上还有瞄准装置，射击精度高，多作为舰炮使用。

吉斯塔夫

超级巨炮

德国在二战期间曾制成超重型巨炮"吉斯塔夫"，口径800毫米，由克虏伯公司研制。这种巨炮的炮管长达32米，火炮全长达32.48米，高11.6米，全重1350吨。

红夷大炮

明朝万历年间，中国从荷兰买来一种新式大炮，称作红夷大炮。这种大炮的炮管壁较厚、口径较大，且装有瞄准具，具有较高的射击精度。另外，红夷大炮中间有炮耳，架炮时炮身能保持平稳。在当时，红夷大炮称得上是威力最大的火炮。

发展趋势

未来的火炮必将拥有更远的射程、更快的初速和射速、更高的射击精度、更强的反装甲能力。另外，其机动性必将得到改善，并采用新的弹种以使其威力更大。未来的火炮还将与射击指挥系统和侦察系统连为一体，火炮的快速反应能力会得到进一步提高。

榴弹炮

在种类众多的火炮中，榴弹炮一直占有主力地位。弯曲的弹道、较小的初速、较短的身管，是榴弹炮的主要特征。它通过改变弹药或改变射角而获得不同的弹道和不同的射程，适合射击水平目标和隐蔽物后的目标，破坏工程设施，压制技术兵器和有生力量。

百年经典

牵引式榴弹炮有着独特的优势，是自行式榴弹炮无法代替的，牵引式榴弹炮对于战场的适应能力很强。在战术的机动性上，牵引式榴弹炮极为出色。它的重量很轻，可以通过大型、重型运输机来进行战略、战役机动，还可以通过大型直升机来进行吊运投送。牵引式榴弹炮还有生产成本低的优点，可以大量装备军队。

榴弹炮的得名

榴弹炮因榴弹而得名。英国人在16世纪中期发明了一种球形炮弹，其内部装有很多小金属弹丸，就像是多籽的石榴，由此得名榴弹，而发射榴弹的火炮自然叫榴弹炮。

牵引式榴弹炮

榴弹炮

自行式榴弹炮

　　安装在车辆底盘上的火炮叫作自行式榴弹炮，能够边行驶边射击，机动性好。自行式榴弹炮有轮式自行榴弹炮和履带式自行榴弹炮，其中，前者在反应能力和机动性上更胜一筹。当今世界的榴弹炮正在趋向于自行化，例如，美国只有轻型部队还使用牵引式榴弹炮，剩下的部队都使用自行式榴弹炮。

SFH18式150毫米榴弹炮

岳麓山上的炮声

　　1941年底，侵华日军围攻长沙，当时国军重武器中的"看家宝"——SFH18式150毫米榴弹炮被派上用场。部署在岳麓山上的重炮阵地发出阵阵"怒吼声"，炮弹所到之处，日军灰飞烟灭，瞬间被打得毫无招架之力。一直到日军撤退，岳麓山上的炮声才渐渐消失。

现代榴弹炮的发展趋势

现代榴弹炮为了提高射程和威力，便加长了身管的设计，同时还增大了口径，使得榴弹炮的威力成倍增加。

液压技术应用于火炮

20世纪70年代，瑞典出产了FH-77B155毫米榴弹炮。该炮成功地应用了液压技术，这款榴弹炮以液压驱动方式进行高低和方向瞄准。

现代榴弹炮的特点

以前的榴弹炮是20～30倍口径，现在是39倍、45倍乃至52倍口径。现代榴弹炮的射角也更大了，一般是0～45度，最高能达到75度。因为弹丸的落角较大，故其爆破和杀伤效果也较好。此外，现代榴弹炮使用变装药之后，获得了不同的初速，有利于在更大的纵深范围内进行火力机动。

自行榴弹炮

口径

口径是一个专有名词，指枪或炮管的内直径，通常以毫米为单位，小于20毫米的称枪，大于20毫米的称炮。

现代榴弹炮的口径

西方国家大部分榴弹炮的口径是105、155、203毫米，为了便于后勤补给，现在西方国家规定榴弹炮口径标准主要为155毫米，其机动性能更好，并且威力丝毫不逊于口径标准为203毫米的榴弹炮。

未来发展趋势

未来战场有更多的装甲目标，且纵深更大，这就要求榴弹炮装备威力更大的弹丸，具有更远的射程和更高的反坦克能力。榴弹炮的口径为155毫米时，其身管将达到口径的50～60倍，射程最大将超过55千米。此外，一些轻型榴弹炮也将出现，它们可以用直升机调运，适用于机动灵活的作战方式。

野战王者

榴弹炮在战场上具有不可替代的作用，所以各个武器大国纷纷设计研制符合自己军队需要的榴弹炮，并把现代科技融入其中，使其具有更大的威力。榴弹炮被称为陆战中的野战王者。

俄罗斯2S19型152毫米榴弹炮

战斗重量42吨，最大速度60千米/小时，最大行程500千米；主要武器为2A65型152毫米牵引榴弹炮改进而来的火炮，身管从6米加长到9米（59.2倍口径）。

日本99式自行榴弹炮

日本制造的99式自行榴弹炮装载有数字式弹道计算机、激光测距仪、观测瞄准装置和瞄准仪，还具有自动诊断功能和自动复原功能，具有较高的自动化程度。其惯性导航装置能自动标出自身的位置，还能与新型的野战指挥系统实现信息共享。

美国M101式榴弹炮

美国生产的M101式榴弹炮属于牵引式榴弹炮，口径为105毫米。这种火炮由美国的岩岛兵工厂设计生产，1940年开始出产，到1953年停产，1980～1983年由于出口而恢复了一段时间的生产。M101式榴弹炮坚固可靠，结构简单，重量较轻，机动性较强，而且配用的弹种较多。

K-9自行榴弹炮

战斗全重46.3吨，最大行驶速度67千米/小时，最大行程500千米；主要武器为一门52倍口径155毫米自行榴弹炮。

新加坡普赖莫斯155毫米自行榴弹炮

战斗全重28.3吨，最大时速50千米/小时，最大行程350千米；主要武器为一门新加坡独立开发的39倍口径155毫米榴弹炮。

英国AS90式自行榴弹炮

AS90是一种自行榴弹炮，口径为155毫米，底部为履带式，车体较矮，不容易被击中。它由薄钢板焊接而成，即使被击中也便于维修。该炮具有先进的火控系统，能自动完成瞄准、校准、测地等工作，独立作战能力很强。

迫击炮

迫击炮出现于20世纪初的日俄战争，它属于体积较小的火炮。其射击角度非常大，弹丸飞行路线是非常弯曲的，因此，炮弹能飞越山岭击中隐藏在小山等屏障后的目标，被称为"曲射冠军"。

揭秘武器

现代迫击炮的始祖

1342年阿拉伯人发明的一种筒形火器可算得上现代迫击炮的始祖。当时为了坚守城池，阿拉伯人就在城墙上架起一根根短筒，筒口高高翘起朝向城外，然后往筒中塞一个铁球和一些黑火药。当敌人来攻城时，守城的士兵就将火药点燃，炮轰敌人。

独领风骚

第二次世界大战时，迫击炮被各个参战国广泛装备部队。尤其是在山地和丛林中作战中，它的威力更显突出。迫击炮具备射速高、威力大、质量轻、结构简单、操作简便等优势，特别是无须准备即可马上投入战斗这个优点，在二战各武器中独领风骚。据统计，二战期间地面部队50%以上的伤亡都是由它造成的。

迫击炮M30

迫击炮M302

构造

炮身、瞄准装置、炮架和座钣是迫击炮的重要组成部分。其中，炮身的长度在1～1.5米之间，可以根据射程远近做选择；瞄准装置是光学瞄准镜，刻有高低分划和方向分划；炮架大都是两脚架，可以按照射击目标的位置来调节方向和高低，在行军时能折叠起来；座钣的主要作用是承受后坐力，还能与炮架共同支撑炮体。

"老古董"并未落伍

迫击炮造价低，操作灵活便捷，作战用途大。因此，在现代战争中仍然是大有作为。迫击炮作为步兵近距离火力支援的有效武器，仍被现代各国军队大量装备，备受各国陆军部队青睐。

迫击炮的分类

迫击炮按其口径大小、机动方式等有不同的分类，根据不同的作战地形和作战环境，其作战用途和作战效果也各有千秋。

按口径分类

根据口径大小，人们把迫击炮分为轻型（小口径）、中型（中口径）和重型（大口径）迫击炮。其中，口径小于60毫米的为轻型迫击炮，其射程在500～2600米之间；口径大于60毫米小于100毫米的为中型迫击炮，其射程在3000～6000米之间；口径大于100毫米的为重型迫击炮，其射程在5600～8000米之间。迫击炮的口径大小不同，装备的作战部队也不同。

苏联240毫米自行迫击炮

按装填方式分类

按照装填方式分类，有前装迫击炮和后装迫击炮两类；按照炮身结构分类，有线膛迫击炮和滑膛迫击炮两类；按照运动方式分类，有车载式、驼载式、牵引式、便携式和自行式迫击炮等。

多管迫击炮

　　多管迫击炮就是把多个炮管放到一起，同时发射多发炮弹的迫击炮，其威力巨大。另外，它的炮管被固定好后，放在军用车上，能随军转移，因此机动灵活。

自行迫击炮

　　最初的自行迫击炮由装甲车改装而成：将装甲车舱顶打开，把普通迫击炮放进去，进入车厢发射就好了。这样还可以下车作战，更加机动灵活。后来，人们开始为迫击炮设计炮塔和履带式或轮式底盘，逐渐完善自行迫击炮的性能，使其更受欢迎。

苏联240毫米自行迫击炮

自行迫击炮

紧跟步兵的 "大炮"

　　美国的军事技术世界领先，其不仅有先进的高科技装备，而且传统的迫击炮也种类齐全。迫击炮在实战中被美军狂热追捧，第二次世界大战中美军炮手形象地喻其为"大炮"。

揭

秘

武

器

M224式迫击炮

　　M224式迫击炮出自美国沃特夫利军工厂，口径60毫米，是一种便携式滑膛迫击炮。它可以迫击发射，也可以扳机发射，其扳机就安装在炮尾握把里。M224的瞄准装置为M64式轻型瞄准具，并自备照明装置，便于夜间作战。M224式配有烟幕弹、照明弹和榴弹。

M19式60毫米迫击炮

　　20世纪40年代初，美国研制出一种口径60毫米的迫击炮，这就是M19式迫击炮。它是由M2式改进而成的，曾广泛应用于第二次世界大战和越南战争中。M19有两种型号，一种是双脚架型，另一种是手提型。双脚架型包括炮身、瞄准具、座钣和双脚炮架几个组成部分。

迫击炮M30

尾翼

　　尾翼是迫击炮弹的飞行稳定装置，也用来安装基本的药管以及附加药包。尾翼由翼片和尾管组成，在尾管壁上有12～18个传火孔，其主要作用是引燃附加药包。翼片一般有6～12片，数量一定，且要对称均匀，必须是双数，以便在飞行中保证尾翼各方向的受力一致，保持稳定飞行。

M252式81毫米迫击炮

　　美国M252式迫击炮，口径81毫米，于1983年定型，1987年配备美军空降营、空中机动营和步兵营。M252由炮身、瞄准具、座钣和炮架组成。炮身材料为镍铬钼钒合金，耐烧蚀、耐磨损、重量轻；瞄准具是美国M64式瞄准具；座钣为铝合金圆形座钣；炮架为钢制K形。

M30式107毫米迫击炮

　　美国M30式迫击炮是一种线膛迫击炮，口径107毫米，1951年开始装备美军部队。M30结构复杂，主要组成部分包括炮身、瞄准具、座钣、回转器、连接桥和炮架。弹药由炮口装填，迫击方式发射。该炮采用履带式车载机动方式，可以分解为5件，短距离由士兵背负。M30配用化学弹、照明弹、烟幕弹和榴弹，也称"化学迫击炮"。

火箭炮

火箭炮是一种多发联装发射装置，能短时间内连续发射大量火箭弹，实施大面积火力覆盖，能给敌人以猛烈的打击，具有巨大的杀伤力。其主要用来压制敌方的技术兵器，歼灭敌方有生力量，自二战以来，其取得了较快发展。

起源与发展

火箭炮的雏形是"一窝蜂"火箭发射装置，是中国人在16世纪末发明的。1933年，苏联制造的BM-13型火箭炮是第一种现代火箭炮。第二次世界大战以来，火箭炮的技术和战术性能都提高了很多，射程也从6千米发展到70千米。

构造

火箭炮组成部分包括：回转盘、定向器、高低机、方向机、瞄准具、平衡器、运行体和发火系统。其中定向器能确定火箭弹的初始飞行方向；高低机、方向机和瞄准具相互配合就能瞄准目标；平衡器的作用是使高低机能被人更平稳、更轻便地操作；发火系统则保证发动机按时点火。

性能优势

　　火箭炮发射的是火箭弹，采取多发联装发射，火箭弹在空中依靠自身发动机推力快速飞行，突袭性和机动性十分突出。能够在非常短的时间内发射出大量的火箭弹，对远距离大面积的目标实施突然袭击。

实战扬威名

　　第二次世界大战中，苏联红军首次运用火箭炮打出了威名。1941年8月在斯摩棱斯克的奥尔沙地区作战中，苏联红军的一个火箭炮连以一次齐射，摧毁了德国军队的铁路枢纽和大量军用列车。火箭炮齐射时，像火山喷发炽热岩浆，铺天盖地般倾泻在敌方目标上，声似雷鸣海啸，势若排山倒海，不仅消灭敌人大量有生力量和军事装备，而且给敌人精神上以巨大的震撼。以致德军士兵后来一听到这种炮声，就肝胆俱裂。

火箭炮的发展趋势

　　未来，远程火箭炮将更多地承担精确火力打击任务，发挥取代部分地对地导弹的作用，使其作战效率和性价比都高于空军和火箭军的火力支援。以高精确性为主导、加强信息化、推进通用性、提高机动性、推行隐身技术等都是其发展趋势。

信息化

　　未来，更高性能的计算机系统和更高精度的定向定位系统将被广泛应用于火箭炮配置。火箭炮将由单门火箭炮向以火箭炮为主体，集侦察、测地、指挥、通信和机动于一体的作战单位体转化。火箭炮同时具备自动调平、自动定位定向、自动收发计算等功能，使自动装填、自动瞄准、自动发射等操作智能化水平不断提高，成为"停下就打，打了就跑"的火炮之神。

通用性

　　实现一炮多用，多弹种发射，拓展通用性是未来火箭炮发展的重要方向，既可发射作用不同、射程不同的普通火箭弹，又可发射末敏制导火箭弹和导弹。这样既能节约大量经费，又能保证在数字化战场上弹药系统供应的可靠性和高效性。

机动性

　　未来的数字化战场环境，对火箭炮的机动性提出了更高要求。火箭炮将追求更加轻型化，以方便空运、空投，适应各种复杂的作战环境。当前，许多国家都广泛采用非金属复合材料研制新型火箭炮，以减轻火箭炮的重量。比如俄罗斯研制的BM-21B式122毫米轻型火箭炮可用直升机运输。

隐身技术

　　火箭炮广泛采用隐身技术，将是未来的主要发展趋势。隐身技术可以大大降低火箭炮的特征信号，使敌人难以发现、识别、跟踪和攻击；使乘员免受核、生、化和电磁脉冲的伤害，有效提高其战场生存能力。

多管火箭炮

　　多管火箭炮是把多个炮管架设在一起，实现多发联装，它一般安装在装甲运输车和军用卡车上，防护能力和机动性都很好。多管火箭炮能发射化学弹、油气弹、干扰弹等特殊弹药，用来对付装甲车辆和集群坦克，压制、歼灭敌方各种有生力量和战斗兵器。

揭秘武器

M270式火箭炮

　　美国M270式火箭炮为12管自行式火箭炮，口径227毫米，其指挥车上有战地监测系统，能随时监测战地情况，将数据、信息迅速及时地传输给发射车。M270到达阵地后，能自动计算出射击信息，并在人工操纵下完成机械化装填，完成射击任务。

BM-30式多管火箭炮

　　BM-30式多管火箭炮是俄罗斯装备的现代化程度最高、口径最大的火箭炮，有"龙卷风"之称。该炮可以控制火箭弹逐发射击，也可以控制12发火箭弹在38秒内全部射击。火箭弹内装有触发引信、高能炸药和自炸装置，一旦触及目标，火箭弹将立即变成大量碎片，杀伤力巨大。"龙卷风"口径300毫米，装有12枚火箭弹，且为子母弹，每枚火箭弹里面是72枚子弹药，如果12枚火箭弹一起发射就会射出864枚子弹，其威力之巨大可想而知，就像"龙卷风"一样瞬间袭击敌军，令敌人闻风丧胆。

卫士-2D火箭炮

在当今火箭炮家族中，论射程最远，当属中国最新款的卫士-2D火箭炮。该款火箭炮的最大射程超过了400千米，超过某些短程导弹射程。卫士-2D火箭炮配置了低成本的惯性制导系统，末端采用的是卫星定位，极大地提高了打击精度。而且成本低廉，可大规模装备军队，是当之无愧的世界最强火箭炮之一。

多管火箭炮

重型多管火箭炮

C-山猫火箭炮

以色列C-山猫火箭炮，具有较高的自动化程度和精确性，打击范围误差率在10米以内。C-山猫火箭炮系统采用模块化组合式配置，从国外到以色列自己生产的122至300毫米口径火箭炮都可兼容。该火箭炮可携载2枚陆基型黛利拉导弹，射程250千米。

火箭弹

火箭弹是无控式的，通常弹径在100～200毫米，极少数小于100毫米或大于200毫米。火箭弹设有火箭发动机，因此弹体较长，通常在1～3米，弹重一般在15～100千克。火箭弹除配有反装甲、燃烧、爆破等杀伤战斗部外，有的还配有燃料空气炸药弹、化学毒气弹、电子干扰弹、照明弹等多种战斗部，可以互换战斗部。

高射炮

　　高射炮有"防空尖兵"之称，它是地面上专门以空中目标为射击对象的火炮。现代战争证明，高射炮是现代防空武器系统的重要组成部分，在地对空导弹已成为地面防空主力的今天，高射炮在抗击低空目标的战斗中仍将发挥重要作用。

分类

　　高射炮有多种分类方法：按口径大小不同，可分为小口径、中口径、大口径；按机动方式不同，可分为自行式和牵引式。

构造

　　高射炮的炮管很长，并且发射速度很快，能在短时间内发射出大量炮弹，发射角度也很大。高射炮在特殊情况下，也可以攻击水面或地面目标。现代高射炮一般通过增加发射药量、采用新型弹药和加长身管来提高初速；同时，采用动力传动与自动操作来提高自动化程度，使其能快速追踪、瞄准目标。

二战高射炮

大口径高射炮

口径超过100毫米的高射炮属于大口径高射炮，它发射的炮弹既高又快还准，就像刺向高空的一把利剑，威力巨大，就连躲藏在云层中的飞机也难以逃脱。

苏联37毫米高射炮

小口径高射炮

口径小于60毫米的高射炮为小口径高射炮。小口径高射炮的命中率高、反应射击速度快，能多炮管集中发射，能击毁低空飞行的飞机。第一次世界大战时，德国最早使用一种能连续射击的小口径高射炮，就在战场上展示出其独特威力。

苏联25毫米高射炮

提高性能

现代高射炮为了增强威力和适应多种作战要求，大都配用多种类型的弹药。另外，有的高射炮还配备了先进的光学、电子火控设施，保证即使有电子干扰也不影响其作战能力。

自行高射炮

带有防护装甲并能自动进退的高射炮称为自行高射炮。其防护性强，生存能力更强，命中率较高且反应迅速，具有较高的自动化程度，能够在特定的地区自由机动，具备全天候作战能力。自行高射炮是高射炮未来的发展趋势。

自行高射炮

自行高射炮（俄罗斯装饰画风格）

独特的效能

目前，世界上有数十种先进的自行高射炮，其中德国的"猎豹"、英国的"神射手"、南非的ZA-35、日本的87式等都是自行高射炮中的佼佼者。自行高射炮是火力覆盖与机动性能有机结合的防空武器，长期以来一直是野战连同防空的主力。即使在防空导弹大行其道的今天，自行高射炮依然以其良好的适用性获得了许多国家的青睐。

高射炮打导弹

　　高射炮打导弹，这听起来既有趣又新奇，与高速飞行的巡航导弹相比，高射炮无论从作战范围还是作战效能上都相形见绌。但是无论是在海湾战争、伊拉克战争还是叙利亚战争中，都发生过美国的巡航导弹被高射炮击落的情况。出现这种情况的原因也很简单，因为大部分的巡航导弹，无论是GPS制导还是地形匹配制导，基本上都是沿着预先设置的路径对目标进行攻击。而在发现对方的巡航导弹来袭之后，马上在保护目标周围用弹幕构筑"火线"，用火力密度把导弹"蒙下来"，是一种可行的方法。

自行高射炮

发展趋势

　　在现代战争中，高射炮已成为防空武器系列中的重要组成部分。虽然现在地对空导弹已经成为地面防空作战的主力，但在抗击低空目标时，高射炮依然发挥着重要作用。因此，21世纪以来，高射炮的种类越来越多，各类新型的高射炮相继出现，如火箭高射炮、激光高射炮、电磁高射炮、隐身高射炮、自行高射炮和智能高射炮等。

加农炮

加农炮是火炮的一种，加农炮主要用作射击远距离目标、装甲目标和垂直目标，是炮兵装备的主要炮种之一。在各种火炮中，加农炮是射程最远的，有"远射冠军"之称。

起源与发展

早在14世纪，加农炮就出现在战场上了。到了16世纪，人们开始将这种身管较长的火炮称为"加农炮"。第二次世界大战前后，口径大、射程远的加农炮得以快速发展。现在的加农炮有更长的身管、更远的射程，而且配用的炮弹种类更多，能够射击更广泛的目标。

特点

加农炮的特点就是身管较长、初速较大、射角较小、射程较远、重量较大。加农炮发射的炮弹飞行速度很快，飞行高度很低，但存在射击死角，因此常配合榴弹炮使用。有些国家的加农炮炮管比榴弹炮炮管长得多，在战场上高高耸立的长炮管，看起来很是壮观。

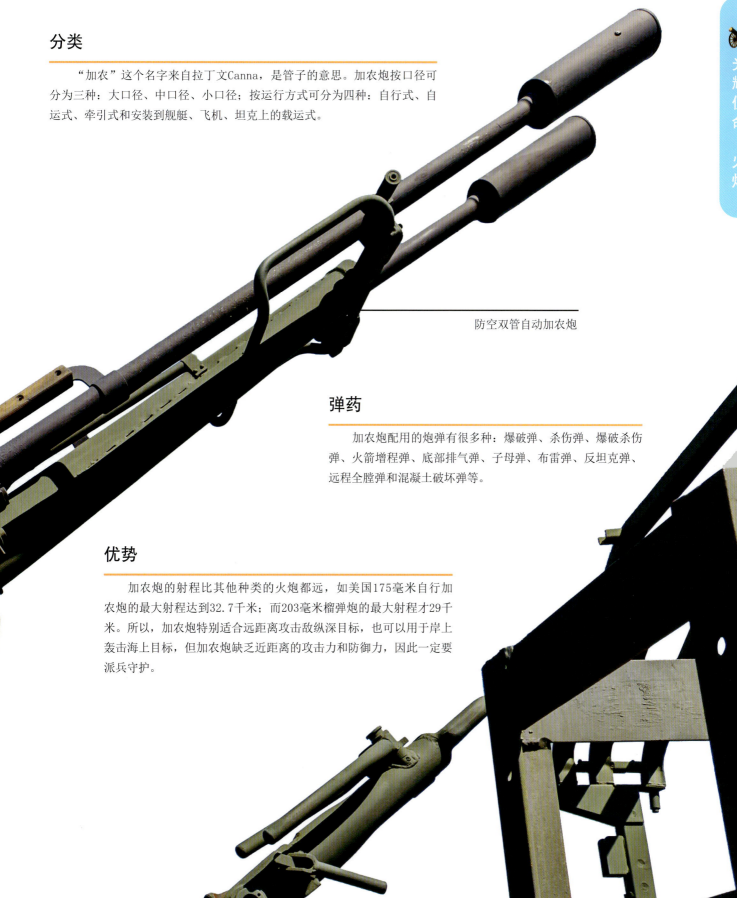

分类

"加农"这个名字来自拉丁文Canna，是管子的意思。加农炮按口径可分为三种：大口径、中口径、小口径；按运行方式可分为四种：自行式、自运式、牵引式和安装到舰艇、飞机、坦克上的载运式。

防空双管自动加农炮

弹药

加农炮配用的炮弹有很多种：爆破弹、杀伤弹、爆破杀伤弹、火箭增程弹、底部排气弹、子母弹、布雷弹、反坦克弹、远程全膛弹和混凝土破坏弹等。

优势

加农炮的射程比其他种类的火炮都远，如美国175毫米自行加农炮的最大射程达到32.7千米；而203毫米榴弹炮的最大射程才29千米。所以，加农炮特别适合远距离攻击敌纵深目标，也可以用于岸上轰击海上目标，但加农炮缺乏近距离的攻击力和防御力，因此一定要派兵守护。

舰炮

装载在舰艇上的火炮被称为舰炮，其
主要射击目标来自水面、岸上及空中。现
在舰炮一般采用加农炮，多管联装、自重
平衡，可以独立完成任务，也可以协同导
弹作战。

构造

舰炮由基座、起落装置、拖动
装置、弹药输送装置和瞄准装置等组
成。基座的作用是稳定和支撑舰炮；
瞄准装置的作用是校正舰炮方位以便
准确击中目标。舰炮的武器系统包
括弹药和火控系统。

SOUTH JERSEY PORT - CAMDEN

分类

舰炮按管数可分为单管舰炮、多管舰炮；按口径可分为小口径舰炮、中口径舰炮和大口径舰炮；按自动化程度可分为非自动舰炮、半自动舰炮和全自动舰炮；按作战任务可分为主炮和副炮。

滑膛炮时代

滑膛炮配置运用于海战始于14世纪中叶，一些海上强国的海军在风帆战舰两舷开始配置滑膛炮，从而使海战的战法随之发生相应变化。主要作战方式是交战双方的舰队在有效射程内用舷侧方向的舰炮进行对射。17至18世纪，舷炮战术成为海军舰队在海战中的主要战法。

线膛炮时代

19世纪70年代，蒸汽装甲战列舰的制造工艺迅速提升，达到了较高的水平。舰炮也普遍采用了螺旋膛线，使攻击力进一步增强。此时，舰炮威力、装甲防护力、航速和排水量成为各国公认的建造战列舰的四大要素。舰炮度过了近10年的"低谷"时期。然后，在经历多次的海战检验之后，舰炮的不可替代性得到了重新确立。

舰炮的作用

舰炮的射速较快，发射出的炮弹不易被拦截，能对海上突发事件进行及时应对，还能为登陆作战提供有力的火力支援和火力掩护。同时，它还能与导弹等技术装备相配合，提升综合战斗能力。

英阿"马岛海战"

20世纪80年代初，英国与阿根廷为争夺马岛（阿根廷全称为马尔维纳斯群岛）的主权而爆发了一场战争，这场战争主要集中在海战方面。战争期间，英国MK8型114毫米舰炮共发射了包括诱饵弹在内的8000余发炮弹，有效地打击了阿根廷的空中和地面有生力量。据英军司令部白皮书记载：MK8型114毫米舰炮共击落了7架阿根廷飞机。

海湾战争

　　海湾战争期间，美国"依阿华"级战列舰"密苏里"号和"威斯康星"号远赴重洋投入作战，针对伊拉克军队部署在滨海地区的军事目标，两艘战舰上的406毫米超大口径舰炮连续数日猛烈轰击，发射了100余发炮弹，摧毁了伊军岸防导弹阵地、岸炮阵地、雷达站、指挥所等多处军事目标，使伊军遭受重大损失。

驰骋疆场：坦克装甲车辆

坦克开辟了陆军机械化的新时代。坦克是地面作战的主要突击兵器和装甲兵的基本装备，主要用于突破敌人的防线，摧毁敌方碉堡和野战工事，粉碎敌方步兵的抵抗，击毁敌方的火炮、车辆、物资弹药和桥梁，消灭敌方一切有生力量，掩护己方的步兵与敌方坦克和其他装甲车辆作战。

坦克

在第二次世界大战的战场上，坦克尽显风采，被称为"陆战之王"。它是一种靠履带行进的装甲战斗车，集火力、机动性和防护性于一身，主要作用是对抗敌人的坦克装甲车辆。

分类

坦克按战斗全重可分为轻型坦克、中型坦克和重型坦克三种；按用途可分为特种坦克和主战坦克。根据生产年代和技术水平，坦克也被分为三代：从一战出现坦克到二战中期的主流坦克被称为第一代坦克；二战中期到20世纪60年代的主流坦克被称为第二代坦克；20世纪60年代后研制的坦克被称为第三代坦克。

性能区别

　　火炮口径在57～85毫米，战斗全重在10～20吨之间的为轻型坦克，主要担负目标侦察、战场警戒等特殊任务；火炮口径最大达105毫米，战斗全重在20～40吨之间的为中型坦克，主要担负装甲兵作战任务；火炮口径达122毫米，战斗全重在40～60吨之间的为重型坦克，在战斗中主要担负支援中型坦克的任务。

坦克世界之最

最早出现：英国人在1915年研制的"小游民"坦克。
最重：德国人研制的"鼠"式重型坦克，该坦克全重188吨。
单价最昂贵：法国的勒克莱尔主战坦克，单价为1000万美元。
速度最快：英国"蝎"式轻型坦克，最高时速81千米/小时。
装甲最好：美国M1A2 SEP TUSK Ⅱ。
火力最强：俄国的T14阿玛塔，该坦克可以安装125毫米及140毫米的主炮。
最早的既用履带行驶又用负重轮行驶的坦克：美国在1928年研制的T3"克里斯蒂"中型坦克。

喷火坦克

喷火坦克的喷火装置由燃烧剂贮存器、喷火器、火药装药或高压气瓶以及控制器等部分组成。其工作原理是通过压缩空气形成的压力迫使燃油喷出，再由点火器点燃燃油，从炮口处喷射出火焰，主要用于杀伤近距离的敌人以及破坏军事技术设备。

研发历史

喷火坦克首次用于实战，是在1935～1941年意大利埃塞俄比亚战争。在这次战争中，意军首次使用喷火坦克。此后，喷火坦克在第二次世界大战期间得到广泛使用，主要有德国PzKpfw-Ⅲ、英国"鳄鱼"喷火坦克、苏联OT-34等。

性能特征

　　携带不同重量喷射燃料的喷火坦克，实战中可喷射20～60次，喷火距离60～150米。第二次世界大战后，美国对M4A4、M5A1、M48A2等坦克进行了改造，制造出多种型号的喷火坦克，这些喷火坦克有一部分曾参加朝鲜战争和越南战争。主要用于近距离喷射火焰，杀伤敌人有生力量和破坏军事技术装备等。20世纪70年代以后，喷火坦克的喷射距离可超过200米。

特种坦克

　　特种坦克是指装备着特殊设备、具有特殊功能、完成特定任务的坦克，例如喷火、空降、水陆两用、侦察等坦克。

轻型坦克

　　轻型坦克的体形较小，重量较轻，能快速通过各种地形。因此，它主要装备在步兵的侦察部队和坦克部队。

坦克中的"侦察兵"

　　除了是"侦察兵"，轻型坦克还是重型坦克的好帮手。在遇到地形复杂或不方便到达的地方时，庞大的重型坦克难以施展，轻型坦克就有了用武之地。因此，轻型坦克是很多国家重要的军事装备。

"雷诺"FT-17

历史上的"雷诺"FT-17

1928年，张学良带领东北军和雷诺FT-17一起加入南京国民政府军队，组成中国国民革命军著名的第一骑兵装甲旅。1930年，张学良又通过各种渠道得到36辆FT-17坦克及24辆装甲运兵车。1931年，东北三省被日军占领后，这些坦克及战车大部分被日军俘获，被编进日军部队。

世界上首辆旋转炮塔式坦克

"雷诺"FT-17是世界上首辆旋转炮塔式轻型坦克，于1918年装备法军装甲兵部队。"雷诺"曾出口20多个国家，是20世纪初装备国最多、装备数量最多的轻型坦克。

"雷诺"有4种基本型号，乘员有2人，战斗全重大约7吨。其炮塔能旋转360°，里面装有1挺8毫米机枪或1门37毫米短身管火炮，同时采用弹性悬挂装置。其最大速度为16千米/小时，行程最大为160千米。

主战坦克

20世纪60年代之后，一种新型的战斗坦克——主战坦克出现了，它在火力和防御能力方面都超过了重型坦克；同时，它还克服了重型坦克动作迟缓的缺点，能更好地适应现代战场。因此，主战坦克成为陆地战场上的长期主角。

陆战之王

主战坦克是协同陆军地面进攻作战的主要突击武器，也是现代装甲兵的基本装备。其越野性能、火力、防御达到了最佳平衡。世界上装备的第三代主战坦克有美国的M1系列主战坦克，俄罗斯的T-80、T-72，德国的豹2，英国的"挑战者"，以色列"梅卡瓦"，法国"勒克莱尔"，中国的"99式"等坦克。

主战坦克M84

戈兰高地坦克大战

1973年10月，一场规模浩大的坦克大战在中东的战场上上演，这就是闻名世界的戈兰高地坦克战。当时，在戈兰高地聚集了3个国家的2000辆坦克，相当于每1千米战线上就有30辆坦克，其中绝大多数都是主战坦克。大战持续了18天，双方共损失1000多辆坦克。

"沙漠军刀"

1991年2月，为了摧毁伊拉克的共和国卫队，美、英等多个国家联合发动了一场陆上战争，作战计划代号为"沙漠军刀"。这些国家集结了3700辆坦克，与伊拉克的4000辆坦克展开大战，这也是一次规模空前的坦克大战。

主战坦克的战术性能

主战坦克火力强大，除一门火炮外，坦克上还装有航向机枪、并列机枪和高射机枪。主战坦克全身包裹在几十到几百毫米厚的钢甲中，一般的枪弹无法穿透，防护性能很好。

揭秘武器

履带行走

坦克采用履带行走而不是车轮，这是因为坦克重量太大，而车轮跟地面的接触面积很小，很容易陷入土地田野里。如果安上履带，轮子在宽宽的履带里面，即使遇到泥地、沙地和雪地，坦克的重量被宽履带分散了，也就不会陷进去了。

潜望镜

在打仗时，坦克要紧闭窗盖，战斗员观察外面的情况全靠潜望镜。坦克中的潜望镜能够旋转观看四方，还能把物体放大，就像望远镜一样。另外，坦克上有专门的瞄准镜供炮手使用，可以保证射击精度。夜间作战不能开灯时，坦克内还有夜视仪，在黑暗中也能看清目标。

原地"掉头"

坦克有转向装置，用以改变车身的方向。其原理是让坦克两边履带用不同的速度运动，哪边履带速度慢，车体就转向哪边。要想原地"掉头"，只需将一边的履带完全停止，靠另一边履带的动力就能带动坦克原地"掉头"了。

逃生门

在坦克的底部有一扇逃生门，当坦克被击中着火后，里面的人可以迅速从逃生门逃离坦克。逃生门之所以设置在底部，是因为从底部出来不易被敌人的枪炮打中，安全性更高。

越野性能

履带结构提升了坦克的越野性能，坦克除了有驱动轮、负重轮，还有诱导轮与托带轮，其中诱导轮提升了履带结构通过障碍物的高度。坦克还可以适应各种恶劣的作战气候和作战环境，比如下雨天泥泞的地面，起伏不平的丘陵和沙漠地带等。

天生不怕电

在通过电网时，坦克的两条履带发出"噼里啪啦"的电击声，还伴随着耀眼的电火花，但坦克内的人却安然无恙。这是因为车体的横截面积大，与人相比，车体的电阻就小得多了，当强大的电流通过坦克时，绝大部分电流都经过车体传到地上了，因此里面的人不会触电。

装甲厚薄不均

坦克的装甲并非全身一样厚，而是有的部位特别厚，有的部位又非常薄。这么做主要是考虑到两方面：一是保证坦克受弹概率较高的部分能有足够的防弹性能；二是尽量减轻坦克的战斗全重，以保证坦克的机动性。

新技术、新材料、新工艺

　　20世纪70年代以来，大量的新技术、新材料、新工艺被普遍运用在坦克的制造上，尤其是现代光学、电子计算机、自动控制方面的技术成就，日益广泛地应用于坦克的设计和制造，使坦克的总体性能有了显著提高，优先增强火力，同时较均衡地提高越野和防护性能，更加适应现代战争的要求。

揭秘武器

火炮双向稳定器

  坦克在行驶中难免上下颠簸。为了不影响命中率，新型坦克上都设有火炮双向稳定装置，以保证坦克炮不随着坦克的颠簸而摇晃，从而提高坦克炮在行驶中的射击命中率。稳定器包括传感器、执行机构，在运动中能自动将火炮和机枪稳定在原来设置的高低角和方向角上，确保其不受到车体震动或转向的影响。

"梅卡瓦"主战坦克

　　以色列的"梅卡瓦"是重视生存力的一种主战坦克，于1979年装备以军部队。"梅卡瓦"的动力传动装置前置，这是它最大的特点，从而有效提高了坦克乘员在战场上的生存力。现在有Ⅰ、Ⅱ、Ⅲ、Ⅳ四种型号。

灵活的作战效能

　　除了坦克内的4名乘员，"梅卡瓦"的车体后部还能运载10位士兵、4副担架。在战斗舱的后面有两扇门，士兵能从那里快速上下车，也可以运送弹药等作战物资，这就使"梅卡瓦"在战斗中的用途更加灵活。

出众的防护性能

　　"梅卡瓦"的主装甲是经过精心设计的，外形上能防御炮弹的袭击，装甲构造也非常独特，两层钢板间留有较大的空隙，其中灌满了燃油；同时，将发动机设置在车体的前部，乘员座位则尽量靠近车体的后部，这就大大提高了其防护性能，即使炮弹击穿了坦克前面的装甲，还有发动机保护人员的安全。

最大的携弹量

  坦克的携弹量往往对战斗胜负起着决定性作用。"梅卡瓦" I 型能携带92发炮弹，是当今世界携弹量最大的主战坦克。俄罗斯的T-90和美国的M1A1坦克只能携带40发炮弹。后来，"梅卡瓦" III 型改用120毫米火炮，仍然能携带50发炮弹。

90式坦克

日本90式主战坦克，于1990年定型生产，最早实现3人乘客组。

火力超群

  90式坦克采用Rh120型口径120毫米滑膛炮，弹丸的初速度很高，威力非常大。90式有自动装弹机，且采用炮塔尾舱带式供弹机构。因此，炮弹发射速度可达15发／分钟，打击火力超强。

火控系统一流

  90式坦克的火控系统是世界一流的。其炮塔尾部装有一台非常先进的火控计算机，能根据传感器获取的信息，诸如当时的大气压、敌军目标距离、目标未来的位置等数据，计算出火炮瞄准角度。另外，90式坦克装有红外热成像装置，能够及时捕捉敌方坦克散发的红外线，使操作手可以及时瞄准并摧毁目标。因此，它的首发命中率非常惊人，可达90％。

激光报警装置

  90式坦克除有灭火抑爆装置和"三防"装置外，还有激光报警装置。只要坦克受到来自敌方的激光束照射，该装置就会马上报警，还能自动发射烟幕弹，起到隐蔽自己、迷惑敌人的作用。

悬挂设计

90式坦克采用复合液气压、扭力杆悬吊系统，既获得了液气压悬挂带给它的优异避震性与调整俯仰的能力，也保证了其制造成本不会过高。90式坦克有6对承载轮，第1、2、5、6对承载轮靠液压悬吊支撑，中间的第3、4对承载轮则采用扭力杆，这样设计能够降低成本。

弱机动性

90式坦克在行驶时会对地面产生巨大的单位压力，因此它的通过性能较差，这是它的一大弱点。它连潮湿的河岸也不能通过。行驶到多障碍地带时，车长和驾驶员都要高度集中注意力，谨慎选择道路。

美军坦克

美国凭借发达的工业基础和领先世界的电子技术，研制出了多款世界领先的坦克，除自用以外，还出口多个国家。

"虬"式坦克

美国"虬"式坦克是一种轻型坦克，装有105毫米超低后坐力火炮，主炮左侧安装7.62毫米并列机枪1挺，还有12.7或7.62毫米高射机枪1挺。"虬"式坦克用的是底特律公司的涡轮增压柴油机，最大功率达393千瓦。其战斗全重达21.21吨，最大公路行驶速度达每小时67千米，涉水深度可达1.07米，乘员4人。它的车体防护力较弱，正面能防14.5毫米的穿甲弹，其余部位只能防7.62毫米的穿甲弹。

M41坦克

美国在二战后研制出了M41轻型坦克，它装备M32（T91E3）76毫米火炮，在火炮左边设12.7毫米高射机枪和7.62毫米并列机枪各1挺。动力装置是6缸风冷汽油机，其功率达367千瓦。坦克战斗全重达23.5吨，最大公路行驶速度达每小时72千米，涉水深度可达1.016米，乘员4人。坦克上还装有M97A1瞄准镜和M20A1潜望镜。

M48中型坦克

美国M48坦克战斗全重49.6吨，乘员4人，装甲厚度12.7～120毫米，车长6.9米、宽3.63米、高3.28米，装1台"大陆"AV-1790-5B汽油发动机。行驶参数：公路行驶速度为每小时48千米，最大行程只有112千米，通过垂直墙高0.91米，越壕宽2.6米，爬壕宽2.6米，爬坡度60%。其装有一门M417.90毫米火炮，1挺并列机枪和1挺高射机枪，M48坦克的改装型有M48A1、M48A2、M48A3、M48A5。其中具有代表性的车型是M48A5，装有105毫米口径的火炮。针对M48机动性差、行程短、速度低的缺陷，美军已准备对其进行改装，主要是更换为柴油机和大口径火炮。

M46"巴顿"坦克

美国M46"巴顿"是一种中型坦克，曾在朝鲜战争中大量使用，大都被中国人民志愿军缴获或击毁。它装有90毫米火炮1门，主炮左边是12.7或7.62毫米高射机枪1挺，最大行驶速度为每小时48千米，战斗全重达44吨，乘员5人。

美国并非是研制坦克最早的国家。一战末期，美国决定参与欧洲战事，才装备了法国"雷诺"FT-17和英国V型重型坦克。到1917年，美、法、英三国决定一起合作生产坦克来装备美军，自此美国获得了法国"雷诺"FT-17和英国Ⅷ型坦克的许可生产权，并计划进行大规模的生产，从此美国迅速步入坦克生产国的行列。

苏军坦克

苏联曾是世界领先的军事大国，其拥有数量庞大的坦克军团，有"钢铁洪流"之称的坦克部队曾使苏联陆军名噪一时。

揭秘武器

"钢铁洪流"

一提到苏军坦克，我们就会想T-34，KV-1，JS-2，JS-3，T-55，T-62，T-72，T-80，T-90……它们在第二次世界大战、中东战争、朝鲜战争和海湾战争等战争中起了重要作用，构成令人生畏的苏军"钢铁洪流"。

T-54坦克

苏军T-54坦克是一种主战坦克。其动力装置为柴油发动机，功率为364千瓦。坦克装有100毫米线膛炮1门，配有破甲弹、穿甲弹和榴弹，弹药基数为34发，还装有7.62毫米并列机枪、7.62毫米航向机枪和12.7毫米高射机枪各1挺。行驶参数：速度最大为每小时48千米，最大行程为400千米，越垂直墙0.8米高，越壕2.7米宽，涉水1.4米深，还能潜水4.5米深。

T-54造价低，机动性好，行程长，但火力弱，防护性能差，容易被摧毁。T-54A型增设空气滤清器、1个自动灭火系统、1台涉水用排水泵，还有外组油箱；T-54B型装备了红外夜视器；T-54C型将高射机枪取消了。

T-55坦克

苏军T-55坦克是在T-54C坦克基础上研制的中型坦克，其战斗全重达36吨，乘员有4人。该坦克防护层为均质钢装甲，车体前的装甲厚100毫米，防盾装甲厚200毫米，炮塔的前部装甲厚175毫米，两侧厚160毫米。采用V型12缸水冷柴油发动机，其功率是406千瓦。行驶参数：最大速度每小时50千米，最大行程500千米，爬坡度最大60%，越垂直墙0.8米高，越壕2.7米宽，涉水1.4米深，潜水5～5.5米深。其配备100毫米线膛炮1门，可以发射榴弹、破甲弹和穿甲弹，辅助武器为7.62毫米并列机枪和12.7毫米高射机枪各1挺，弹药基数分别为3500发和500发。

T-64主战坦克

    苏军T-64是一种主战坦克，战斗全重38吨。行驶参数：最大速度每小时60千米，行程最大为500千米，越垂直墙0.8米高，越壕2.8米宽，爬坡度为60％。采用二冲程对置活塞卧式5缸发动机，功率在490～532千瓦之间，装备125毫米滑膛炮，可以发射榴弹、空心装药破甲弹和尾翼稳定脱壳穿甲弹。辅助武器是12.7毫米高射机枪和7.62毫米并列机枪各1挺。T-64首次采用了自动装弹机，能迅速选择弹种、装填弹药、抛壳，还配有弹道计算机、激光测距仪、夜瞄、夜视等装置。另外，车内有潜渡通气管、烟幕发生器和"三防"设备，车体后部还有附加油箱。其缺点是发动机的功率太低，机动性较差。

T-34坦克

苏军T-34是一种中型坦克,战斗全重约32吨,乘员4人。主要武器是76.2毫米火炮一门,辅助武器是7.62毫米机枪两挺。

动力装置是V2柴油发动机,功率最大达500马力,最大速度为每小时55千米,最大行程可达540千米,过障碍高0.75米,越壕宽2.49米;爬坡度30%,装甲厚18~60毫米。

T-34火力强大,机动能力强,外形也具备防弹性。另外,它采用"克里斯蒂"坦克底盘,装有巨型的减震弹簧,能承受剧烈颠簸而不影响驾驶员的战斗力。T-34的履带宽50厘米,因此其越野机动能力很强,在雪深1米的冰原上也能自由驰骋,有"雪地之王"的称号。

T-34最初装备的是76毫米加农炮,1941年换装F-34型加农炮。T-34一般备弹77发,包括破甲弹5发、高爆弹53发和穿甲弹19发,1943年其容弹量增加到108发。

T-80坦克

苏军T-80坦克是在T-64的基础上研制出的一种主战坦克。

相比T-64等坦克，T-80的防护能力更强，能防护动能穿甲弹，炮塔采用钢质复合结构，还有间隙内层，可容两位乘员在里面；主要武器是125毫米滑膛炮，配用125毫米"鸣禽"导弹，能发射普通炮弹，也能发射反坦克导弹；T-80装备125毫米炮弹40发和反坦克导弹4枚，12.7毫米机枪弹500发和7.62毫米机枪弹2000发，其中有榴弹、脱壳穿甲弹和破甲弹。其配用的反坦克导弹非常厉害，只需要7秒钟就能飞行3000米的距离，能穿透600～650毫米厚的钢板。

T-80坦克的动力装置是1台新型的燃气轮机，标定功率是724千瓦。最大公路速度达每小时75千米，越野速度每小时48千米，最大行程1000千米。

苏制武器大都威猛、高大，T-80履带宽580毫米，比同时期的德制、美制坦克整整宽了110毫米。其战斗全重43吨，乘员3人，能过垂直障碍0.91米高，越壕2.9米宽。

T-80有非常先进的火控系统，装有弹道计算机和激光测距仪等火控部件，还装有法国红外线热成像仪，无须借助任何灯光就能在漆黑的夜里行进自如，因此有"夜战巨兽"之称。

T-64主战坦克

苏军T-64是一种主战坦克，战斗全重38吨。最大速度每小时60千米，最大行程为500千米，越垂直墙0.8米高，越壕2.8米宽，爬坡度为60%。采用二冲程对置活塞卧式5缸发动机，功率在490～532千瓦之间，装备125毫米滑膛炮，可以发射榴弹、空心装药破甲弹和尾翼稳定脱壳穿甲弹。辅助武器是12.7毫米高射机枪和7.62毫米并列机枪各1挺。T-64首次采用了自动装弹机，能迅速选择弹种、装填弹药、抛壳，还配有弹道计算机、激光测距仪、夜瞄、夜视等装置。另外，车内有潜渡通气管、烟幕发生器和"三防"设备，车体后部还有附加油箱。其缺点是发动机的功率太低，机动性较差。

扫雷坦克

挂装着扫雷装置的坦克称为扫雷坦克，主要用于开辟通道，一般布置在坦克部队前端，一边扫雷一边战斗。扫雷坦克是坦克部队去除战场障碍的主要装备。

初期

一战末期，英国尝试在IV型坦克上安装滚压式扫雷器。二战期间，美、苏、英等国相继使用多种扫雷器。例如，美国的M4和M4A3坦克分别装有T-1型滚压式扫雷器与T5E1型挖掘式扫雷器；苏联的T-55坦克装有爆破和挖掘扫雷器；英国的"马蒂尔达"坦克装有"蝎"型打击式的扫雷器等。在战斗中，它们发挥了一定作用，但扫雷速度较低，并且扫雷器结构笨重，安装、运输起来都很困难。20世纪五六十年代，扫雷坦克迅速发展，性能大大提高，其结构简化了，重量减轻了，扫雷速度也提高了。

发展

到了70年代，战场条件更加复杂，因此一些国家的坦克上开始装备混合扫雷装置，如挖掘与滚压、挖掘与爆破相结合。在改进扫雷坦克的同时，很多国家还研制、装备了各类专用装甲扫雷车。如美国研制了LVTE装甲扫雷车，采用挖掘与爆破相结合技术；苏联推出T-76坦克改进型，它的底盘上装有火箭爆破扫雷器。现在，反坦克地雷大都使用磁感应引信，因此，很多国家开始研制磁感应型扫雷器。

装甲扫雷机bmr-3

开辟安全通道

扫雷坦克提前到达作战区域，利用扫雷器去探测地下，一旦发现地雷就将它们排除。它的工作就是给战斗部队开辟出一条安全通道。

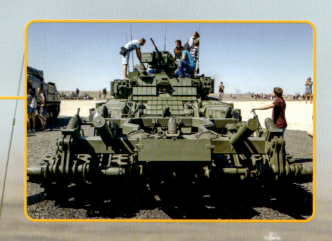

装甲扫雷机bmr-3

扫雷器

主要包括爆破扫雷器和机械扫雷器两种，可在战斗前根据实际需要临时挂装。爆破扫雷器的工作原理是：利用爆轰波诱爆地雷或炸毁地雷。

机械扫雷器

机械扫雷器按照工作原理又可分为打击式、挖掘式和滚压式三种。其中，打击式扫雷器是用运动机件拍打地面，迫使地雷爆炸；挖掘式扫雷器依靠带齿的犁刀把地雷挖出来排到车辙之外，重达1.1～2吨；滚压式扫雷器则靠钢质滚轮的重量将地雷压爆，滚轮重达7～10吨。

装甲车

　　具有装甲保护的一切战斗车辆与保障车辆总称为装甲车，是各国陆军部队的重要装备。

军用带枪装甲车

履带式步兵战车

步兵战车

步兵作战时所用的装甲战斗车称为步兵战车，有轮式和履带式两种。其中，轮式战车的公路行驶速度很快，具有较好的机动性能；履带式战车则能越过壕沟等障碍，还可以像船一样在水中行进。

构造

装甲车都有密闭的全装甲防护、伪装器材和三防装置，通常配有机枪、火炮、导弹等武器装备，能抵御一般枪弹、炮弹碎片的攻击。按作战用途，装甲车可分为战斗车辆与保障车辆；按驱动方式，装甲车可分为履带式和轮式。

装甲侦察车

　　装有侦察装备的装甲车辆称为装甲侦察车，主要作用是执行战术侦察任务。装甲侦察车一般重量较轻，体积较小，可水陆两用，还能在复杂地形中自由驰骋。另外，侦察车还装备很多先进的侦察设备，能对敌人进行昼夜侦察，从而获取情报，因此被人们称作"移动的情报站"。

装甲运输车

　　装甲运输车是一种轻型装甲车辆，车上设有承载室，主要作用是输送兵员，也可以参与战斗，有轮式和履带式两种。装甲运输车包括装甲车体、动力装置、武器装置和观察瞄准装置等组成部分，其中，动力装置设在车体的前部。在车体后部有一个乘载室，就像房间一样，步兵可以坐在里面，通常可以搭载8～13人。

装甲运输车

装甲侦察车内供步兵使用的椅子

装甲工程车

　　装甲工程车是协同机械化部队、坦克部队作战，为战斗部队提供工兵保障的相关配套车辆。其基本任务有：开辟道路、设置或清除障碍、抢修军路、构筑掩体和参与战场抢救。装甲工程车上的主要设备有：牵引装置、起吊装置、切割和焊接等工具以及各种修理器材。此外，装甲工程车上还配备有自卫武器。

装甲工程车

装甲指挥车

　　配备电台、观测仪等设备的轻型装甲车是装甲指挥车，主要作用是指挥部队作战，也分轮式和履带式两种。装甲指挥车一般用步兵战车或装甲运输车底盘进行改装，具有跟其他装甲车一样的装甲防护和机动性能。装甲指挥车上配有机枪，有1～3名乘员，该车装备于机械化步兵部队和坦克部队。

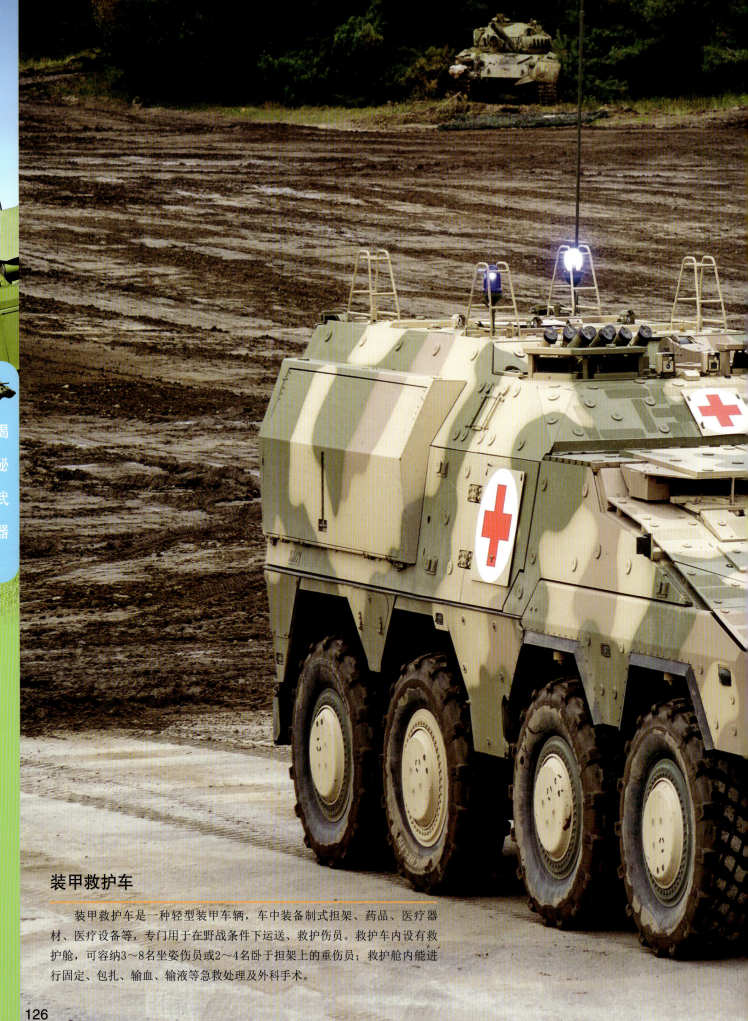

装甲救护车

　　装甲救护车是一种轻型装甲车辆，车中装备制式担架、药品、医疗器材、医疗设备等，专门用于在野战条件下运送、救护伤员。救护车内设有救护舱，可容纳3～8名坐姿伤员或2～4名卧于担架上的重伤员；救护舱内能进行固定、包扎、输血、输液等急救处理及外科手术。

装甲抢救车

装甲抢救车是一种特种装甲车，它就像一辆大吊车。它能把陷入泥潭或掉进沟中的坦克抢救出来。同时，装甲抢救车也是个小工厂，它能及时地修好被敌人炮火击伤或发生故障的坦克。装甲抢救车上没有火炮，只有1挺12.7毫米高射机枪。

乘风破浪：军用舰艇

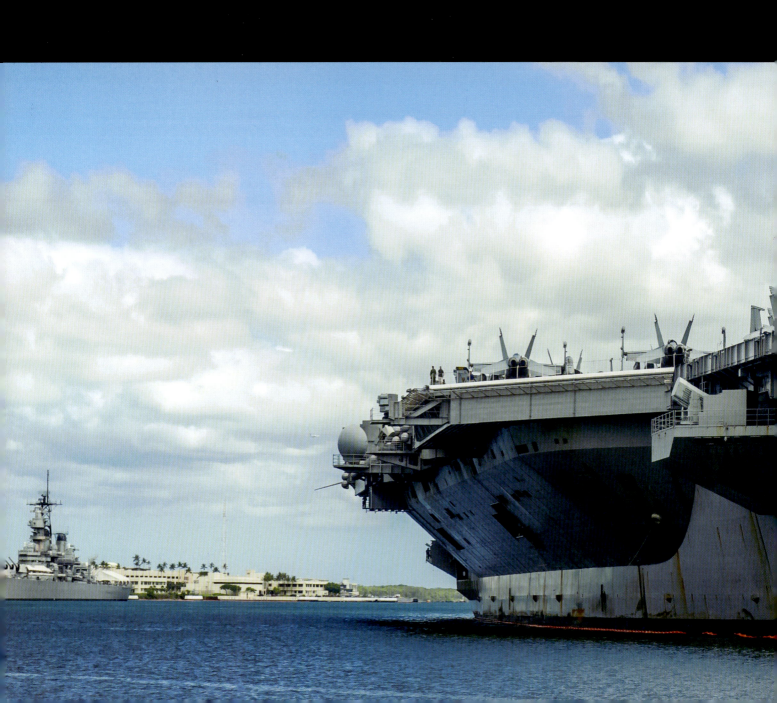

军用舰艇是海上作战的主要武器装备，从古代战舰发展到现代军舰，经历了漫长的时间。伴随着生产力的发展，科技的进步，舰体材料、动力装置、武器装备不断变化。海上作战的方式也随之发生了根本性的改变。

军用舰艇

军用舰艇用于海战始于16世纪中期，它的前身是桨帆船。在蒸汽船时代，当时的海上霸主英国首先设计了用铁甲覆盖的战舰。这是世界上现代舰艇的雏形。

命名

常用作舰艇名的有：历史人物、星辰等，比如中国"郑和"号训练舰和美国"天狼星"号供应舰。舰艇还普遍使用编号，也叫舷号。水面舰艇的舷号，通常标在舰首或舰尾水线以上两舷的显著位置；而潜艇的舷号，一般标在指挥室的外壳上。

构造

现代舰艇通常由船体结构、动力装置、武器系统、导航系统等部分构成。动力装置多为蒸汽轮机；武器系统包括以航空母舰为基地的各种舰载机和舰艇导弹、水雷、鱼雷、舰炮及深水炸弹等。

动力装置

航空母舰和巡洋舰的动力多为蒸汽轮机，只有少数是核动力。潜艇的动力多为柴油机—电动机联合动力装置或核动力。驱逐舰、护卫舰为蒸汽轮机、燃气轮机或柴油机—燃气轮机联合动力装置。

武器装备

现代战斗舰艇的武器装备种类繁多，主要有导弹、鱼雷、扫雷设备和电子对抗系统等。每艘战斗舰艇都会装备很多的武器，一般是以一种武器为主，其他为辅。

战术性能指标

　　舰艇的战术性能指标主要包括自给力、作战半径和耐波性等。自给力是指舰艇一次装足规定的燃油、淡水、食品等，中途不补给，连续在海上活动的最长时间。作战半径指舰艇按规定装满补给品，中途不补给，向外延伸的最大平均直线距离。耐波性是指舰艇在一定风浪条件下可运行的最大承受力。

海军舰艇

制海权

　　是指交战一方在一定时间对一定海洋区域的控制权。根据控制海洋区域的目的、范围和持续时间，可分为战略制海权、战役制海权和战术制海权。

观察、通信和导航

　　现代战斗舰艇上有多种观察设备、无线电通信设备和卫星导航设备。这些设备形成了观察、通信和导航为一体的完整体系，在战争中可为战斗提供有力的设备支持。

舰艇的分类

　　军舰按其基本任务和使命的不同，可分为战斗舰艇和勤务舰艇两类。每一类又可根据不同的工作要求分为不同的舰种；同一舰种中，又因武器装备和排水量的不同，分为不同的舰级；根据不同的构造、战术技术性能和外形，又能分出不同的舰型，例如"克列斯塔"级导弹巡洋舰就有Ⅰ型和Ⅱ型之分。

战斗舰艇

　　战斗舰艇是海军的核心作战装备，是海军的主体作战平台、运载平台，是海军最重要、最基础的武器装备。海军战斗舰艇由水面战斗舰艇和潜艇两大类构成。水面战斗舰艇中排水量500吨及以上的称为舰，500吨以下的称为艇。而潜艇则不论排水量的大小统称为艇。

战斗舰艇与民用船舶的区别

　　桅杆上装配着各种用于作战的雷达天线和电子设备，这是战斗舰艇区别于民用船舶的一个醒目的标志。战斗舰艇上一般都装备有导弹、舰炮等作战武器；而且战斗舰艇的船体一般漆上蓝灰色油漆，舰尾悬挂海军军旗或国旗。

美国军舰"中途岛"号

勤务舰艇

　　勤务舰艇在构造和任务方面明显区别于战斗舰艇，一般都配有适应不同用途的装置和设备，有的还装备有自卫武器，主要用于执行战斗保障、后勤保障和技术保障任务。包括侦察船、运输舰、补给舰、训练舰、防险救生船等。非战时，这些舰艇和民用船舶没有太大区别。

补给舰

战列舰

  战列舰，又称为战斗舰，可执行远洋作战任务，防护能力强，可抵御鱼雷的攻击。其作战时多是以大口径火炮攻击与厚重装甲防护相结合，主要担负海上作战、支援登陆和攻击岸上目标等任务。

"战列舰"称呼的由来

  战列舰这个称呼最早出现在帆船时代。当时海上作战，敌我双方的战船要各自排成一列，然后才开炮互射，凡是参加这种战斗的舰船就被称为"战列舰"。

"阿拉巴马号"战列舰

风帆战列舰

　　17世纪后期出现的风帆战列舰堪称当时最大的战舰。风帆战列舰均为木质船，只有部分船会在水线以下包裹铜皮。最大动力是风帆，主要武器是前膛火炮，发射圆形弹丸和霰弹等。

蒸汽战列舰

　　动力为蒸汽机，优点是可不受外在自然条件的影响而深入远洋作战。蒸汽动力还可用于弹药的装填、抽水及舰载小艇的升降。使军舰同时具备了高速航行能力和良好的机动性能。

现代战列舰

　　二战前建造的战列舰加入了一些新的武器装备，称为现代战列舰。改装后的战列舰，航速得到大幅度提高。作战时，现代战列舰可集中侧舷火力攻击敌舰队的前导舰。

揭
秘
武
器

英国"无畏"号战列舰

　　在世界海军作战舰艇发展史上，英国"无畏"号战列舰是第一艘真正意义上的现代化战列舰。它于1906年2月下水，是第一艘安装蒸汽轮机的主力战舰，在航速和火力上大大超出同时期的各类战舰，成为支撑英国海上霸权的主力战舰。

苏里高海峡海战

在一个多世纪内，战列舰纵横世界各大洋，成为各海洋强国的重要标志和维持海上霸权的武力象征。随着舰载航空技术的迅速崛起，拥有强悍战力却技术落后的战列舰终究逐渐走向没落。1944年10月末，美国和日本在苏里高海峡发生的海战成了世界海战史上最后一次战列舰之间的对决。

航空母舰

　　航空母舰的主要作战力量来自舰载飞机、舰载直升机。它是一种大型水面战斗舰艇，常以航母编队的作战形式出现。其作战灵活，可执行多种任务，颇具威慑力，因此备受众多国家海军的推崇。拥有航空母舰也成为一个国家科技、军事、工业先进程度和国力强大的象征。

构造

　　航空母舰的结构比其他任何一种舰艇都要复杂得多，它由舰桥、飞行甲板和弹射器等多个部分组成。其中，舰桥是航空母舰的指挥和控制中心；飞行甲板是飞机起降和停留的上层甲板；弹射器能够很好地帮助飞机起飞。

航空母舰战斗群

　　在海上作战，单独行动的航空母舰势单力薄，必然成为飞机和潜艇的活靶子，因此组成航空母舰战斗群是必要的。一个航母战斗群由航空母舰、巡洋舰、驱逐舰、攻击潜艇和补给舰组成。它们常常共同行动，协同作战，以便发挥出最大的战斗力。

航母战斗群

机库

　　航空母舰的甲板下面有一个机库，可以停放数十架舰载机。随着时代的发展，现代航空母舰的机库在不断增大，有的甚至变成两层机舱。没有战事时，舰载机就停在这里；如有情况，舰载机可随时升到甲板上，马上参加战斗。

航空母舰机库

航空母舰

舰载机拦阻装置

与陆地机场相比，大型航母的飞行甲板比较窄短，为了使飞机能够安全着陆，航母上都设有专门的舰载机拦阻装置。这种装置大大缩短了飞机向前滑行的距离，减弱了飞机下落时的冲能。

飞行甲板

飞行甲板是航空母舰上供飞机起降和停放的上层甲板，按照任务需求可将其划分为起飞区、降落区和停放区。飞行甲板下设有廊形夹层、水密隔舱、机库、武器库和船员居住舱，大型航母的甲板甚至可达6层之多，而甲板侧边则有2～4座升降机，用于将飞机运到甲板或机库。

舰载机

　　能在航空母舰上起降的飞机叫舰载机，是航母整体作战能力的重要载体，其性能决定航空母舰的战斗力。从航空母舰设计、构造和整体作战理念来看，舰载机都是航空母舰不可或缺的重要配置。舰载机数量和起飞方式都体现着一艘航母的实战能力。航空母舰本身也是为了让飞机起降、维修以及使飞机能长期作战而存在的。

飞机跑道

　　航空母舰上的飞机跑道一般都不长，为了使舰载机能够较快进入高速滑行状态，甲板上面安装了一种蒸汽弹射器，可以大大缩短舰载机起飞时的滑行距离。另外，航空母舰上还常常携带不需要滑行的垂直短距起降飞机，它们可以垂直地升到空中。

航空母舰的分类

现代航空母舰的种类繁多。按排水量分为大型（6万吨以上）、中型（3万~6万吨）、小型（3万吨以下）航空母舰；按动力装置分为常规动力和核动力航空母舰；按作战任务分为攻击型、反潜型和多用途航空母舰。

尼米兹级核动力航母

尼米兹级核动力航母

核动力航空母舰

核动力航空母舰是通过核能燃料产生动力航行的航空母舰，它的优点在于续航能力强；核能燃料有燃烧无污染、噪声低、体积小、重量轻等优点。

揭秘武器

"伊丽莎白女王级"航母

英国"伊丽莎白女王级"航母，舰长约280米、吃水线宽约39米，装备2台MT30燃气轮机、4台柴油机，最大航速约27节。"伊丽莎白女王级"航母是世界上第一艘采用综合电力驱动的航母，也是目前吨位最大的电力推进舰艇，由于采用大量自动化设备，全舰人员配置大幅降低，虽然同为6万吨级航母，但"伊丽莎白女王级"航母舰员仅1600人左右，比俄罗斯的"库兹涅佐夫号"航母少了近500人。

尼米兹级核动力航母

"福特号"核动力航母

"福特号"核动力航母，是世界上第一款装备电磁弹射系统的航母，是全球技术最先进、代表未来航母发展方向的航母。舰长约333米、吃水线宽约41米、满载排水量达11.2万吨，装备2座600MWt级反应堆，总推进功率达26万马力，最大航速可达到32节。

航空母舰的发展趋势

　　在将来，大型核动力多用途航空母舰会成为主要发展方向。美国正在研发新一代CVNX级核动力航空母舰，排水量将超过10万吨。俄罗斯也钟情于排水量约8万吨的大型航母。但是，也有部分国家希望发展一些排水量在6万吨左右的中型航空母舰。而那些中小国家，受多方面条件的影响与制约，只能研发小型航母。

海军航空母舰

动力装置

　　为适应未来航空母舰大型化、多功能的发展趋势，需要配置高功率密度动力设备和大容量、智能化电力设备，以核反应堆和大功率燃气轮机为代表的高能动力设备将是未来航空母舰机电系统的主要选择。人们更加注重电力系统的安全性、可靠性及供电连续性，广泛应用新型区域配电、系统综合保护等新技术，以提高供电可靠性和生命力。

揭秘武器

电子战能力

电子战是未来海战的关键环节，太空和大气空间是实施电子对抗战的最主要领域。不论海战的规模大小，电子战都将贯穿始终。不断增强舰载和机载电子作战设备的干扰和反干扰效能仍是未来航空母舰作战设备发展的重要趋势。

核反应炉造价

核反应炉造价极高，美军"企业"号航空母舰仅8座核反应炉的安装费用就高达6400万美元，运行3年后换一次炉心要花费2000万美元。"尼米兹"号航空母舰造价18.81亿美元，"里根"号航空母舰造价为40亿美元。

隐身技术装备

未来，推广应用隐身技术和各种隐身武器装备，将成为各兵种的主要战争手段。隐身技术将在海军装备领域大放光彩，隐身性能将会主导新一轮海军主战装备的革新。目前，隐身性设计已经在海军装备领域全面铺开，未来航空母舰在一定程度上也会适当加强该方面的性能，以提高其在未来战场的生存能力。

潜艇

潜艇是一种能下潜并隐蔽于水面以下的攻击性水中作战舰艇，其隐蔽性突出，经常在海战中实施突然袭击；有较大的自给力、续航力和作战半径，主要作用是攻击敌人军舰或潜艇、近岸保护、突破封锁、侦察和掩护特种部队行动等。

雏形

1620年，第一艘有文字记载的"可以潜水的船只"由荷兰裔英国人科尼利斯·德雷贝尔建成。它的船体采用木质结构，外包皮革，艇外涂油，艇内有羊皮囊。这艘潜水船的推进力由人力操作的橹产生，可潜3～5米深度，是现代潜艇的雏形。

外形

两次世界大战中，潜艇的形状虽然繁多，但多为常规形和水滴形。常规形潜艇是一战前后潜艇采用的流线型，侧面形状与水面舰艇相似；水滴形潜艇的首部呈圆钝的纺锤形，然后逐渐变细，就像是拉长的水滴，这种流线型的设计使潜艇在水下航行阻力小，有利于提高其水下航速。

构造

　　潜艇主要由舰体、动力装置、武器系统、通信设备和操作系统组成。舰体的最大特点就是有潜望镜，主要用于观察敌情。潜艇的动力装置分为柴电动力和核动力。武器主要有弹道导弹、鱼雷和反潜导弹等。通信设备是舰艇与岸上指挥所联系的设备。操作系统中的螺旋桨是潜艇产生推动力的装置。

种类

　　潜艇按战斗使命区分，有战略导弹潜艇、攻击潜艇和运输型潜艇；按动力区分，有核动力潜艇和常规动力潜艇；按外形区分，有水滴形潜艇和常规形潜艇；按水下排水量区分，有大型潜艇（2000吨以上）、中型潜艇（600～2000吨）、小型潜艇（100～600吨）和袖珍潜艇（100吨以下）。

核潜艇

核潜艇是潜艇中的一种，采用核动力。最早成功在潜艇上安装核反应炉的是美国海军的"鹦鹉螺"号潜艇。它于1954年1月24日开始试航，核动力潜艇就此宣告诞生。核潜艇在水中航速快、续航长、攻击力强，兼具高度的隐秘性和机动性，已成为潜艇家族中的翘楚。

消声瓦

消声瓦，一种新型隐身装备，是在潜艇外壳上加装的一层合成橡胶防声材料。二战期间，德国海军最先将它使用在潜艇上。它能有效抑制噪声震动、降低本艇声目标强度、提高潜艇隐蔽性。如今，消声瓦技术已在很多国家得到普遍应用。

狼群战术

狼群战术是一种潜艇作战战术，大意是将多个潜艇组成一个潜艇作战群对敌方船队进行攻击的作战，像大自然中的狼群对猎物发起攻击一样，所以被称为"狼群战术"。德国潜艇部队狼群战术的使用，给二战时期英国的海上交通线造成了严重打击，潜艇成了护航船队的梦魇。

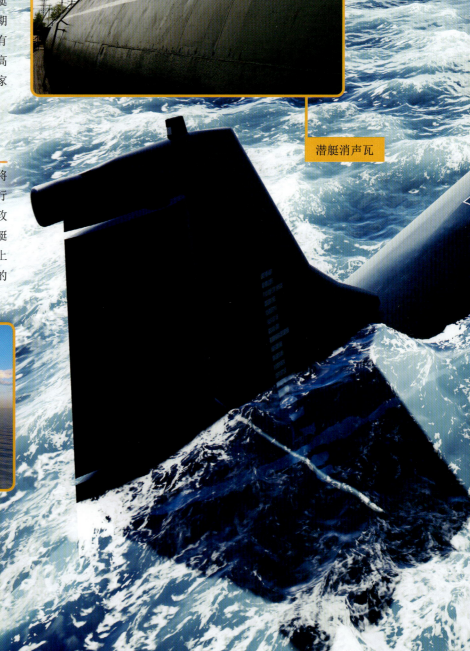

潜艇消声瓦

潜艇消声瓦

无限制潜艇战

　　无限制潜艇战是德国海军部于1917年2月宣布的一种潜艇作战方法，即德国潜艇可以事先不发出警告，而任意击沉任何开往英国水域的商船，其目的是要对英国进行封锁。

呼吸保障

　　潜艇是要到水下活动的，船员如何呼吸新鲜空气呢？可使用氧气瓶，通常是将氧气储存起来放到一种高压容器里，使用时松开阀门即可。液态氧，可供100名舰员使用90天。也可使用氧烛，这种由化学材料制成的烛状可燃物，点燃后即可产生氧气，1支氧烛可供40人呼吸1小时。

俄罗斯"北风之神"级核潜艇

俄罗斯"博雷"级核潜艇

俄罗斯核动力潜艇

"博雷"级核潜艇

巡洋舰

巡洋舰是海军作战舰艇中的主力品种，火力强、用途广，适合远洋作战是其主要特征。它的主要任务是为航空母舰和战列舰护航，或者作为编队旗舰组成海上机动编队，攻击敌方水面舰艇、潜艇或岸上目标。

诞生与兴起

巡洋舰出现于大航海时代，之所以叫巡洋舰，表明了这种舰只的作用和任务。主要是指小的、快速的、适合于这种角色的战舰。荷兰海军在17世纪开始增加巡洋舰的数量和配置，英国海军以及晚些时候的法国和西班牙海军赶上这个潮流。为了保护国会的商业利益，英国颁布巡洋舰和护航法——开始将海军的注意力放在用巡洋舰进行商业保护和搜捕，而不是建造更多恐怖和昂贵的战列舰。

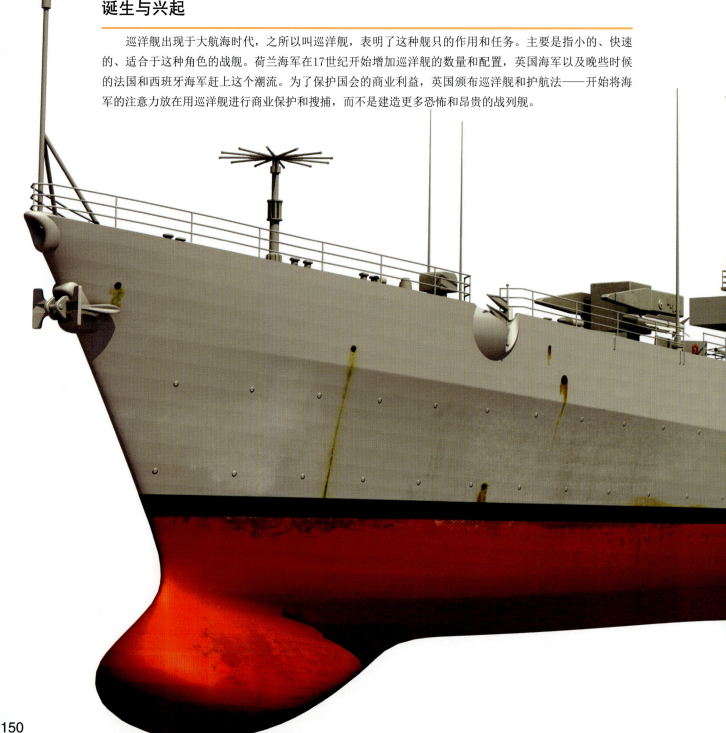

昔日海上霸主

　　17世纪，巡洋舰主要用于巡逻、护航，并不直接参与战列舰的战斗，是一种快速炮船。在19世纪中期，舰船采用螺旋桨推进，出现明轮蒸汽机船辅助作战。到19世纪60年代，铁甲舰荣登战斗舞台，具有近代意义的巡洋舰也渐渐现出雏形。19世纪末期，巡洋舰主要包括装甲巡洋舰和防护巡洋舰。第一次世界大战期间，巡洋舰的满载排水量可达到4000吨，动力装置是蒸汽轮机，武器装备以舰炮为主。一战后，巡洋舰得到进一步发展。到二战初期，出现了轻巡洋舰和重巡洋舰。二战后期，甚至出现了满载排水量超2万吨的大巡洋舰。

局限与没落

　　目前全球现役巡洋舰只剩下三种，拥有巡洋舰的国家仅有三个，分别是美国、俄罗斯和希腊。但是由于越来越不适应现代化海战的需求，巡洋舰逐渐成了时代的"弃儿"，彻底退出历史舞台只是早晚的事情。

反潜主力

　　20世纪60年代出现了战略导弹核潜艇，威胁着海上的交通线，反潜战被提上了日程，在海战这一领域具有十分重要的战略地位。巡洋舰工作重心也随之转移，搜索和攻击敌方潜艇已变成它的首要任务。这时的现代巡洋舰也吸收了一些新技术，普遍装备了新型舰炮、舰船导弹、声呐和反潜武器等，反潜和防空能力不断提高。

美国的提康德罗加级宙斯盾导弹巡洋舰

　　美国是世界上拥有导弹巡洋舰最多的国家。从20世纪60年代开始，美国共发展了8级54艘巡洋舰，其中核动力导弹巡洋舰共有5个级别9艘。目前，只有"提康德罗加"级导弹巡洋舰还在服役，其他均已退役。提康德罗加级宙斯盾导弹巡洋舰，船体长172.8米，宽16.8米，空载时排水量约为7000吨（标准排水量），满载时约为10000吨。该舰配备了"宙斯盾"相控阵雷达为核心的整合式水面作战系统，成为世界上最先进、最现代化的导弹巡洋舰。

俄罗斯海参崴"瓦良格号"巡洋舰

"光荣"级巡洋舰

"光荣"级多用途巡洋舰

"基洛夫"级核动力巡洋舰的建造和维护耗资巨大，难以批量建造和使用。为了配合苏联远洋航空母舰，弥补"基洛夫"级的缺陷，苏联开始建造缩小版的"基洛夫"级巡洋舰，这就诞生了"光荣"级多用途巡洋舰。

俄罗斯"基洛夫"级巡洋舰

20世纪60年代后期，美苏冷战对抗激烈。面对美国强大的水面舰艇兵力，苏联不得不改变策略，开始建造航空母舰等大型水面舰艇，相继研制出"基辅"级航母、"现代"级导弹驱逐舰、"基洛夫"级核动力巡洋舰和"光荣"级多用途巡洋舰。"基洛夫"级巡洋舰被称为"武库舰"，现役4艘，是全球仅次于航空母舰的最大型的水面作战军舰，也是目前全球唯一排水量超过20000吨并使用核动力的现役巡洋舰。舰上装载超过500枚导弹，因此与美国的提康德罗加级宙斯盾导弹巡洋舰的先进技术不同，俄罗斯基洛夫级巡洋舰体现了"战斗民族"的一贯特性：追求体量巨大和火力凶猛。

两栖攻击舰

　　两栖攻击舰是抢滩登陆作战的先锋主力舰艇，能够搭载作战飞机和运输坦克、登陆部队等陆战力量，这是其区别于其他舰艇的显著优势。它拥有直通式甲板，在渡海作战中不受登陆地形和海水潮汐的影响，增强了登陆作战的突然性、快速性和机动性。

一舰多用

　　新建的船坞登陆舰或两栖攻击舰，不再是功能单一的两栖战舰，在突出其固有功能的同时兼具其他功能。美国"惠德贝岛"级船坞登陆舰，不仅能执行登陆作战任务，还能承担两栖运输、修理船只等任务，并设有手术室和230张病床。

"小型航母"

　　两栖攻击舰的前身可以看作直升机航空母舰，它的综合作战效能也仅次于航空母舰。主要用于在敌方沿海地区进行两栖作战时，在战线后方提供空中与水面支援。它和航母相比，拥有更密集的自身防护武器，不需要护卫舰队保护。

"黄蜂"级两栖攻击舰

"邦霍姆·理查德"号（LHD-6）

"硫磺岛"级

"硫磺岛"级攻击舰于1961年8月服役，隶属于美国海军。它在外形设计上很像直升机航母，有贯通全舰的飞行甲板。甲板下有机库，还有飞机升降机。它可载12～24架不同型号的直升机，必要时还可载4架AV－8B型垂直/短距离起降战斗轰炸机（英国"鹞"式飞机的引进型）。

"塔拉瓦"级

美国的"塔拉瓦"号是世界上第一艘通用两栖攻击舰，1976年5月服役。它可载1个加强营的人员及装备和28～36架不同类型的直升机，必要时还可载AV－8B型战斗轰炸机，10艘不同类型的登陆艇或45辆两栖车辆。该级舰共服役4艘。80年代中期，美国又开始建造更大的"黄蜂"号通用两栖攻击舰。

"邦霍姆·理查德"号（LHD-6）

"黄蜂"级两栖攻击舰

"西北风"级

"西北风"级两栖攻击舰归属于法国海军，是法国海军现役的两栖作战与远洋投送主力。其可以运载16架以上NH—90直升机或虎式武装直升机和70辆以上车辆，其中包含13辆主战坦克的运载/维修空间和900名陆战队员的运载空间。

小型水面舰艇

舰艇并非全是大型的就好，也需要一些袖珍型的舰艇来辅助作战。这些袖珍水面舰艇被称为"海上轻骑兵"，它的舰体运动灵活、速度快、目标小，经常单独行动，有时也配合其他舰艇作战。其战斗力强，凭借自身的优势，可以有效地突袭敌方的据点。

导弹艇

导弹艇

导弹艇

导弹艇是海军中的一种小型战斗舰艇，速度快，以导弹为主要武器，威力大。主要用于近海岸防护，可巡逻国界和领水、保护海军基地，打击走私犯罪、保护沿岸基础设施等。

猎潜艇

猎潜艇是以反潜武器为主要装备的小型水面战斗舰艇，它的排水量一般在500吨以下，可供无人舰载机起飞和降落，能对潜艇进行严密的搜索，一旦发现威胁可进行猛烈而连续的攻击。

猎潜艇

巡逻艇

巡逻艇主要用于近海作战，是一种小型作战舰艇。排水量一般几十吨或者数百吨。机动性强，航速高，可承担巡逻、警戒、布雷等任务。

猎潜艇

猎潜艇

护卫艇

护卫艇又叫炮艇，配备小口径舰炮或者导弹，装备的主要武器有37～76毫米单管或双管舰炮1～2座，机枪数挺，以及深水炸弹等。主要用于海岸巡逻、护航，也可用于扫雷、反潜、导弹或鱼雷突袭、近岸巡逻等。

鱼雷艇

鱼雷艇航速高，航速40～50节。以鱼雷为主要作战武器，艇上装有2～6枚鱼雷和1～2座单管或双管舰炮。此外，还有火箭、深水炸弹发射装置、声呐、指挥系统、通信导航设备等。主要在近海区与其他兵种协同作战。

气垫船

气垫船主要用于登陆输送、扫雷和火力支援。按航行状态和构造可分为全垫升气垫船和侧壁式气垫船两种。其利用高压空气气垫，使船体垫升高于海平面，大大减少海水阻力，实现高速航行的目的。

驱逐舰

　　驱逐舰是一种多用途的军舰，主要以舰炮、鱼雷和反潜设备为武器。它既能在海军舰艇编队中承担进攻性的突击任务，又能承担作战编队的防空、反潜护卫任务，还可承担巡逻、警戒、侦察、海上封锁和海上救援任务。

主要类型

　　按照驱逐舰的作战用途分，主要有两种类型：防空驱逐舰和反潜驱逐舰。防空驱逐舰主要担负舰队的防空任务，主体装备为相控阵雷达、远程舰空导弹、高性能自动化指挥系统。反潜驱逐舰以反潜和反舰作为首要任务，主体装备为尖端的声呐反潜设备和反舰武器。

兴起于"二战"

　　驱逐舰的前身是鱼雷炮船。在19世纪下半叶，鱼雷艇是一些大型舰船的克星，所以有些国家就开始建造鱼雷炮船。1893年，英国建成了"哈沃克"号鱼雷艇驱逐舰，这是世界上最早的驱逐舰。一战前夕，驱逐舰在西欧诸国、日俄两国的建造总量已近600艘。二战期间，驱逐舰更是许多国家海军中的中坚力量。

海上"多面手"

　　驱逐舰被称为"多面手"，不仅装备强大，而且可以执行防空、反潜、反舰、对地攻击、护航、侦察、巡逻、警戒、布雷、火力支援以及攻击岸上目标等多种作战任务，广泛的作战职能使得驱逐舰成为现代海军舰艇中综合作战能力最强的中型水面舰艇。

隐身驱逐舰

　　"阿利·伯克"级驱逐舰是最先采用隐身技术设计的美国军舰。首舰于1988年12月安放龙骨，1991年7月进入海军服役。该级战舰将舰队防空作为主要作战任务，是世界上最先配备四面相控阵雷达的驱逐舰。舰长153.8米，宽20.4米，吃水6.3米，标准排水量6624吨，舰员337名。"阿利·伯克"采用4台燃气轮机，总功率10.5万马力，最大航速32节，续航力4400海里。其在反潜战方面略逊于其他驱逐舰。

HMS钻石号

英国海军45型

穿云破雾：军用飞机

军用飞机是空军的主要作战装备，按照作战任务不同划分为不同的类别。军用飞机由民用飞机演化而来，军用飞机最初用于军事用途主要是进行侦察任务，偶尔也用于轰炸地面目标和攻击空中敌机。

军用飞机

军用飞机拓展了战争的战场和作战形式，使战争由陆地、海洋延伸到天空，促使战争形态由平面发展到立体空间，对战略战术和军队组成等方面产生了重大影响。军用飞机发动机多为涡轮喷气式或涡轮风扇式，飞机由机身、机翼和尾翼组成，机身和机翼下可装航空机炮和携带导弹、炸弹、鱼雷等武器，用于攻击空中、地面、水面及水下目标。

分类

军用飞机可以简单分为两大类：作战飞机和作战支援飞机。作战飞机又可分为：轰炸机、攻击机和战斗机；作战支援飞机又可分为：侦察机、空中加油机、军用运输机和预警机等。这些飞机在作战时一般相互配合，共同完成对敌攻击任务。

战术性能

军用飞机的战术性能主要通过飞机的飞行速度、高度、航程、续航时间、作战半径和起飞重量等指标来衡量，它们对飞机的整体影响很大，不同用途的飞机，其战术性能也各有侧重点。

主体构造

现代军用飞机主要由机体、动力装置、操纵系统、起落装置、液压气压系统和燃料系统等组成。飞机上还装有领航、通信及救生设备等。直接用于战斗的飞机还配备电子对抗系统、雷达探测和火力控制系统等。

作战优势

　　作为战场上的重要武器，现代军用飞机具有以下特点：1.速度快，如轰炸机的最大速度可达2.2马赫；2.航程远，如轰炸机、军用运输机的最大航程可达14000千米；3.用途广泛，如苏联的苏-30战斗轰炸机就是多用途战斗机。

气动布局

　　现代军用飞机的气动布局有常规布局、鸭式布局、三翼面布局、无尾布局等。常规布局通常将飞机的水平尾翼和垂直尾翼都放在机翼后面的飞机尾部，这种布局自发明之日起一直沿用到现在，是最常用的气动布局。

武器配备

　　军用飞机在战斗时可配备航炮、炸弹、火箭和战术导弹。航空机炮是口径不小于20毫米的自动发射武器，主要用于打击敌方飞机；炸弹使用率高，威力较大；火箭发射相对密集，可形成大面积弹幕；战术导弹射程通常在1000千米以内，最远可达8000千米。支援飞机因为不直接参与战斗，所以不配备武器。

制空权

　　制空权是指交战一方在一定时间对一定空间的控制权，有的国家也称空中优势。交战双方争夺制空权的斗争往往贯穿战争的全过程。事实上，制空权的归属会极大程度地影响战争全局和各个阶段，争夺制空权的战斗已成为现代战争中的重要组成部分。

动力飞机首次飞行

　　1903年12月17日，美国的莱特兄弟驾驶自己设计、制造的动力飞机获得了在人类历史上的首次飞行成功。1909年，美国陆军装备了第一架军用飞机，机上装有1台30马力的发动机，最大速度为68千米/小时。同年制成1架双座莱特A型飞机，用于训练飞行员。

战争史上的首次空战

　　1911年爆发的意大利和土耳其之间的战争中，飞机首次参战。第一次世界大战期间，主要参战国的飞机总数达到上千架。1914年10月5日，法国航空队的两名军士将一挺机枪带上飞机，并击落了一架德国飞机。这是世界战争史上的第一次空战，标志着战争扩展到三维空间。

"米格走廊"

　　朝鲜战争中，中国人民志愿军空军以有限的作战飞机勇敢迎敌，在鸭绿江南岸上空建立了一条"米格走廊"，不惧以美国为首的联合国军的空中优势，彻底挫败了美国空军的嚣张气焰。在这场持续10个月的"绞杀战"中，志愿军共击落美机122架、击伤53架，连美国的"空中英雄""王牌飞行员"戴维斯少校也被年轻的中国飞行员张积慧击落而毙命。美远东空军司令威廉中将不得不承认：美国空军是在"和一个厉害而熟练的敌人作战"。

战斗机

　　战斗机，也叫歼击机，主要用于航空兵空中作战任务，重点用于消灭敌机和其他航空兵器。现代战斗机普遍装有航空机炮、格斗导弹、航空炸弹等武器，还有火力控制系统、电子对抗设备和通信导航识别系统。具有速度大、上升快、升限高和机动性强等特点。

雏形

　　在战斗机空战史上，最初由后座的射击员用手枪、步枪和机枪在空中相互对射。到第一次世界大战结束时，歼击机的基本形态大致上已经有了雏形：以小型机为主，强调运动性，需要有向前射击的固定武器装置。

作战任务

　　进行空战是歼击机的主要作战任务，主要作战目的是夺取制空权。其次是拦截敌方轰炸机、强击机和巡航导弹。其配备不同性能、一定数量的对地攻击武器后，也可执行对地的攻击任务。

作战性能

　　以五代战斗机为标志的现代战斗机，普遍具备优异的空中格斗能力。在性能、外形、动力装置、机载设备、武器配备和火控系统等方面，与四代机相比都有较大的改进和提升。特别突出中、低空跨声速机动性。第五代歼击机最大飞行时速达3000千米，最大飞行高度20千米，最大航程不带副油箱时2000千米以上，带副油箱时可达5000千米以上。

武器装备

　　除装备有火力强大的航空机关炮外，现代歼击机还普遍携带多枚雷达制导的中远距拦射空空导弹和红外跟踪的近距格斗导弹。为实现对地攻击任务，其也可携带2～3吨航空炸弹、近距格斗导弹、命中率很高的激光制导炸弹或其他对地作战武器。

"迷彩服"

在实际作战过程中，战斗机经常随着季节、地域的变化改变自己的涂装，以便更好地融入周边环境，达到迷惑敌方的目的。目前，战斗机的"新衣"是"迷彩服"，起保护自身的作用。

战斗机隐身

所谓的战斗机隐身，核心目的就是使战斗机自身在雷达屏幕上无法被捕捉，无法被导弹锁定。并不是说在天空中用肉眼看不见，或者如科幻影片中的来无影去无踪，变得透明看不见。

等离子涂料

据说有一种等离子涂料，可以极大地减少雷达波的反射，这种涂料可以把机身周围的空气进行电离，从而把战机笼罩在等离子圈内，能够吸收或者散射雷达波，从而达到隐身的目的。当然这还处于研制之中，让我们期待其登场。

隐身战术

利用战机的外形特殊设计来反射雷达波。根据这种模式研制出的战机当属美国的F-117夜鹰隐身战机，作为世界上第一款服役的隐身战斗机，对当今世界的空战格局产生了重大影响；战机机身涂满吸波材料，改变战机的结构。当今世界上最先进的五代机F-22猛禽战机就是采用了这种方式达到隐身目的的。

"幻影"2000 战斗机

"幻影"2000战斗机属于最早的四代机，整体机型是单发三角翼。20世纪70年代由法国研制生产。可执行全天候、全高度、全方位远程拦截任务，也可进行对地攻击和近距离支援。该机以高新的技术、高效的作战能力闻名于法国空军，更是受到许多国家的追捧。

不同型别

"幻影"2000战斗机目前主要包括"幻影"2000C：最早服役的量产型拦截机；"幻影"2000B：双座截击兼教练型；"幻影"2000N：具有核打击能力的型号；"幻影"2000D：双座多用途兼教练型；"幻影"2000-5：以"幻影"2000C和"幻影"2000B为原型改装而来的更具空战能力的战斗机。

幻影2000-5

独特的电传操纵系统

"幻影"2000采用了通过计算机控制的电传操纵系统,能将飞行员的操纵动作输入,通过转换器变成电信号,通过计算机处理后由电缆传输到执行机构。系统主要包括中央计算机、转换器、运动传感器和电源。优点是体积小、重量轻、易于安装维护及操作灵敏。

结构特点

"幻影"2000是典型的三角翼布局机型,采用三角翼结构理想的展弦比小的气动方案,根梢比大,使气动中心接近翼根,也可减小弯矩,极大地提升了飞机的作战性能。为减轻结构重量,"幻影"2000广泛采用碳纤维、硼纤维等复合材料。

多用途战斗机

法国空军达索幻影2000N

F-14 "雄猫" 战斗机

　　F-14 "雄猫" 战斗机属于多用途舰载战斗机，主要配置在航空母舰上，主要特征是双座双发超声速。F-14属于第三代战斗机，侧重执行舰队防御、截击、打击和侦察等任务。原型机于1970年12月首飞，可携带大量武器执行任务，曾是美国海军最重要的舰载飞机。

武器装备

　　F-14战斗机截击时，外部挂架可以挂装6枚导弹加4枚"响尾蛇"空对空导弹，或者6枚"不死鸟"远距空对空导弹加2枚"响尾蛇"导弹。对地攻击时，可挂装14颗炸弹或者其他武器，最大外挂重量是6577千克。

机载设备

　　F-14战斗机载有脉冲多普勒雷达、舰载飞机惯性导航系统和微型塔康等系统，具备敌我识别、多目标跟踪和空袭效果评价能力。另外，该机拥有火控系统，配备计算机软件，具有用常规炸弹执行对地攻击任务的能力。

主要任务

　　F-14战斗机的主要任务：1.护航，配合航空母舰，在800千米半径以内的空域保持或夺取制空权；2.巡逻或者截击，在舰队160～320千米附近每两小时进行一次巡逻，或直接从甲板上起飞拦截、攻击敌方战机；3.近距离支援，可持续5分钟对1600千米外的地面实施攻击。

独特的"变后掠翼"设计

　　F-14战斗机的机翼分为两段——固定段和可动段。固定段与机身相连，可动段就是外翼的那一段。机翼会随着速度而伸缩，以达到最佳飞行效果。

美国海军格鲁曼F-14D超级雄猫

美国空军F-14战斗机

揭秘武器

战绩

　　在20世纪90年代初的海湾战争中，F-14扮演着极为重要的参战角色。在1991年2月6日，一个两机编队的F-14用响尾蛇导弹击落了一架Mi-8直升机。这是F-14在这次战争中唯一的空战胜利。而在同年1月21日，一架F-14被一枚老旧的SA-2防空导弹击落。这是美国海军F-14机群第一次在战斗中的损失，也是唯一的一次损失。

F-15战斗机

F-15是美国于1962年开展F-X计划时所研制出来的，到现在已服役近60年，参加大小战争100余场，并且无一伤亡，因此创造了世界纪录。

美国F-15战斗机

典型的三代机

全球典型的三代机主要有：美国F-15，F-16，F/A-18战斗机；俄罗斯苏-27和米格-29战斗机；中国歼-10和歼-11战斗机；英国、德国、意大利和西班牙联合研制生产的台风战斗机；法国达索公司的幻影2000和阵风战斗机；瑞典的JAS-39战斗机等。

空中优势

F-15战机的空中优势十分突出，在20世纪70年代的三代机中，F-15战机最先配备了最先进的机载航电系统和机载空空导弹。战机的空重有着严格的规定，全机大量采用高强度钢和合金材料，战机虽然全长达到19.3米，但是全机的空重仅为12.7吨。与之前的F-14和后来的苏-27战斗机相比，F-15战机具有明显的空中优势。

F-15攻击鹰战斗机

美国空军F-15战斗机

涡轮风扇发动机

涡轮风扇发动机（简称涡扇发动机）是飞机发动机的一种，由涡轮喷气发动机（简称涡喷发动机）发展而成。与涡喷发动机相比，涡扇发动机的主要特点是首级压缩机的面积要大很多，同时被用作空气螺旋桨（扇），将部分吸入的空气通过外涵道向后推。涡扇引擎最适合飞行时速400～1000千米时使用，因此现在大多数飞机均使用涡扇发动机。在三代机中，F-15战机是最早采用推重比达到8的大推力涡扇发动机。

美国波音F-15攻击鹰

战绩优良

自服役以来，F-15战机多次参加全球局部战争，取得了骄人的战绩。1991年，海湾战争期间，48架F-15E型飞机出动2200架次，共击落伊拉克各型号飞机36架（一说33架），而自己却没有一架在空战中受损，只因遭到地面炮火的攻击损失两架。在这场战争中，F-15被用于对地攻击的比重和空战任务相当。

美国波音F-15攻击鹰

F-16 "战隼" 战斗机

　　F-16 "战隼" 战斗机属于第三代喷气式战斗机,由美国于20世纪70年代研发制造。它的性能优良,作战效果突出,不仅深受美国空军器重,也得到多国空军青睐。从批量生产到现在共有近4600架,外销近30个国家和地区。

结构特点

　　F-16采用悬臂式中单翼,平面几何形状为切角三角形。沿前机身装有大后掠角、前缘锐利的边条翼,机翼前缘有可随迎角和马赫数的变化而自动偏转以改变机翼弯度的前缘襟翼,机翼后缘有全展长的襟副翼。机翼机身结合处经过仔细整流,平滑过渡,融为一体。

武器配备

　　F-16飞机装有1门航炮,全机有9个外挂架,翼尖和机翼外侧挂架可装"响尾蛇"导弹,机翼中挂架可装格斗导弹或各种空对地武器,机翼内侧挂架可装核弹、常规炸弹、空对地导弹、子母弹箱和火箭弹,机身腹部挂架也可挂炸弹或1个油箱。最大外挂重量为6890千克。

不同型别

F-16至今已有十多种型号,如单座战斗机、双座战斗/教练机、侦察机、先进技术试验机等类别,其不同的机型可能达几十种,但最主要的型号只有4种:A型——基本型;B型——双座战斗/教练型;C型——A型的改进型;D型——B型的改进型。

美国空军洛克希德F-16

先进的"蓝盾"吊舱系统

"蓝盾"吊舱系统是用于夜间作战的综合系统,主要分为夜间低空吊舱和目标捕获吊舱。前者可在昼夜环境、任意天气超低速飞行;后者包括火控系统和内部定位系统,能够提供多种搜索与摧毁目标的方法。

喷气式战斗机

喷气式战斗机即由喷气式发动机推动飞行的战斗机。区别于螺旋桨发动机推动飞行的战斗机,喷气式战斗机的原理是空气和煤油在燃烧室燃烧后所产生的大量高温高压气体向后喷射的作用力与外部空气形成反作用力,从而推动飞机前进。

F-22 "猛禽" 战斗机

  F-22 "猛禽" 战斗机是美国波音公司和洛克希德公司联合研发的，于1997年9月7日首次飞行。它可同时进行空中截击和对地攻击。

结构特点

  F-22采用双垂尾双发单座布局，其两侧进气口装在翼前缘延伸面下方，主翼和水平安定面采用相同的后掠角和后缘前掠角，都是小展弦比的梯形平面形，所以它们之间是相互平行的；座舱盖采用水泡形。

优良的机动性能

  F-22战斗机装备两台F119涡轮风扇发动机，单台最大推力104千牛，可不开加力超声速巡航。F-22采用推力矢量技术，发动机喷口能在纵向偏转±20度，具备极佳的机动性和短距离起降性能。

武器配备

  F-22 "猛禽" 战斗机装载1门20毫米火神机炮，备弹480发。战斗机可挂6枚中程空对空导弹和2枚响尾蛇导弹，2枚联合直接攻击弹药和2枚风偏修正弹药洒布器。

F-22

F-22猛禽第五代

F-22隐形战术战斗机

F-22猛禽战斗机

F-22单座双引擎

先进的航电系统

F/A-22上的机载雷达为APG-77多功能有源相控阵雷达，对3平方米目标的最大探测距离为200千米，可同时跟踪攻击30个空中目标和16个地面目标，并能拦截巡航导弹；其电子侦察设备可以精确、快速地测定敌方雷达的坐标位置；其合成孔径技术能改善对地武器的投放精度。

关闭生产线

在2011年12月13日，最后一架F-22战斗机量产型下线，至此，F-22战斗机的生产线关闭了，美国军队中所服役的F-22战斗机数量被固定为187架。

第一款隐身战机——F-117

F-117是全球第一款隐身战斗机，在军用飞机发展史上具有特殊的意义。这款彻底改变战争模式的飞机，既有在巴拿马、伊拉克创造的辉煌，也有被南联盟击落的苦涩，但由它引发的隐身技术革命，至今依然影响着世界大国的航空科技和空军战术走向。

研发背景

1973年，美国空军成立了一个名为"F-117A"的绝密计划，洛克希德公司承接了该研究项目。仅仅过了31个月，一架样机就开始在夜间秘密试飞。苏联科学家乌菲莫切夫曾经在一本科学类杂志上发表过一篇文章，他认为，雷达扫描物体的效果与物体的尺寸无关，而与边缘的布局有关。这篇文章并未引起苏联军事部门的注意，认为不过是一般学术论文。6年后，洛克希德公司正在为如何进一步提高F系列战机的反雷达本领而发愁，技术师们翻阅各国文献，希望能从中找到改进方法。一位分析师无意中翻到这篇公开发表的论文，被其中的观点所吸引。洛克希德公司设计隐身战机受到了这一观点的启发。

"夜鹰"

"F-117A""夜鹰"的名号名副其实，它特别适合在夜间或者黄昏等昏暗气象条件下出动，利用夜色和不良视线来为自身提供光学掩护。巧合的是，F-117所喷涂的第一代雷达吸波材料正好也是深灰泛黑的颜色，所以客观上有利于F-117在夜间活动。

一展风采

真正让F-117战斗机一展风采的战争是海湾战争，在"沙漠风暴"行动中，F-117战斗机一枝独秀，是联军唯一能够飞临伊拉克首都巴格达执行空袭任务的飞机。并且在整个海湾战争中，没有1架F-117型飞机被伊拉克发现或者遭到攻击。在海湾部署的F-117战斗机出动架次仅占联军所有飞机出动架次总数的4%，却摧毁了40%的目标。

退役

F-117尽管拥有重要作战价值，但维护费用相当高昂，美国军方由于缩减开支，忍痛将59架战机悉数退役。2008年4月，F-117正式退出历史舞台。

美国空军洛克希德马丁F-117夜鹰隐形战斗机

185

第三世界的"宠儿"——米格-29

米格-29具有光荣的历史，因其性能优越，价格适中，深受第三世界国家推崇。改型战斗机诞生于20世纪冷战时期，北约为其代号"支点"。米格-29是苏联米格设计局和苏霍伊设计局共同研制生产的双发空中优势战斗机，也是苏联第一款从设计思路上就定义为第四代战斗机的型号。

斯洛伐克空军米格-29战斗机

波兰空军米格-29战斗机

"支点"

20世纪60年代，苏联最先进的飞机是米格-21，然而与美国空军的飞机相比，还是存在很多缺点，不足以应对将来的战事，苏联必须研制出一款新型战机来缓解来自美国的压力。经过6年不间断的改进，在1977年10月，终于等到米格-29样机的首次试飞，1983年开始量产。但这并未公开，北约也只是粗略知道一些，并不清楚具体的飞机型号和参数，暂时称它为"支点"。1986年，芬兰上空出现了一支苏联飞机大队，米格-29神秘的面纱才由此揭开。

价廉物美

该机长度17.37米，翼展11.4米，高4.73米，空重11吨，最大起飞重量20吨；飞机采用两个发动机，最大推力2×81.4千牛，实用升限1.8万米，最大飞行速度2.25马赫，约2400千米/小时；装备3枚空对空导弹，1门30毫米口径机炮，携带150发高爆燃烧弹和穿甲曳光弹；与美国军机相比，米格-29更具性价比，颇受发展中国家青睐，销往40多个国家，合计2000多架。

性能超凡

米格-29的出现，让北约飞行员为之头疼，因为它具有超凡的机动性和杰出的格斗本领。该机的性能堪称完美，而且苏联针对美国单个飞机的特定功能研制出许多新型号，每个型号都有自己独特的本领，可以说米格-29是为了应对美制战斗机而生的。

波兰空军米格-29战斗机

波兰空军米格-29战斗机

米格-29的动力系统

米格-29采用的RD-33（РД-33）涡扇发动机，由克里莫夫设计局研制，双轴，低涵通比，采用11个单元体结构，采用全权限数字式控制。

"扛鼎之器" ——苏-27 战斗机

　　某种意义上说，苏-27战斗机属于美苏两国冷战争霸的产物。这款机型于1969年开始研制，1977年5月20日首飞，1979年投入批量生产，1985年进入部队服役。是由苏联苏霍伊设计局研制的单座双发全天候空中优势重型战斗机，属于第三代战机。主要任务是国土防空、护航、海上巡逻等。

揭秘武器

乌克兰空军苏霍伊苏-27战斗机

研发背景

　　20世纪后半叶，美苏进入冷战阶段，为了应对美国生产的F-15战斗机，苏联开始着手新一代战机的研制，它就是苏联的明星机型——苏-27战斗机。20世纪60年代，美国撤出越南战场后，美国空军就决定生产一种新型战机，这就是后来无论从机动性、速度还是空战能力都非常优秀的F-15战机。苏联一直关注着美国的研究，作为回应，苏联也开始着手研制新一代战斗机，力求在制空权上与美国战机抗衡。苏霍伊设计局经过精心设计，在1971年提出了苏-27战斗机的最后设计方案。经过8年"奋战"，苏-27于1977年进行首飞，1979年投入批量生产。1985年，第一批苏-27战斗机开始在苏联空军服役。

"陪练"

为了使苏-27大量出口，该机又进行了几次改造。截至苏联解体，苏-27生产了很多架，单架3300万美元，出口居多，合计300多架。美国居然也购买了2架，主要用它给F-15做实战"陪练"。因为该机的出口对象大多不是美国的盟友，美国还是有必要了解一下它的性能，使F-15在空中能够轻松应对。

乌克兰空军苏霍伊苏-27

乌克兰空军苏霍伊苏-27侧翼者58战斗机

乌克兰空军苏霍伊苏-27

"机动之王"

苏-27战机机动性能出众，其制空性能卓越，号称"机动之王"。在1989年的巴黎航展上，当驾驶员首次对外展示的苏-27战斗机做出令世人震惊的"眼镜蛇机动"时，人们惊呼，苏联航空人的一只脚已经迈进了过失速机动的门槛，这或许意味着过失速机动空战时代的到来。

"多角色" ——法国"阵风"战斗机

在世界各军事强国空军服役的飞机中，法国阵风战斗机以突出的多用途作战能力而闻名，它堪称世界上"功能最全面"的四代半战机。

"计划"之外

1979年，英国带头发起了"欧洲联合战斗机"计划。发起者的本意是希望法、英、德、西四国联合起来，设计出一款新型战机，并把它作为北约成员国主要战斗机。想法是好的，实行起来却困难重重。四个国家都有各自的想法，谁也说服不了谁，最后法国人无奈地离去，决定回国独自研发新式战机。

"阵风"

1983年，法国向达索公司下达两架技术展示机的合约。1985年年末，法国展示了"阵风"A型战机原型。1986年，首度试飞，并正式定名为"阵风"。该机所展示的性能给法国国防部留下了很好的印象，决定从1988年开始购买"阵风"战斗机。

法国空军达索阵风多用途战斗机

法国空军达索阵风多用途战斗机

功能最全

达索公司之后又相继开发了几种不同功能的战机，如阵风B型、C型、D型等。"阵风"战斗机是双发、三角翼、高机动性、多用途战机，是世界上"功能最全面"的战斗机，法国人一直都以它为傲。"阵风"战斗机虽然颇受好评，但法国空军的订量却不是很多，截至2004年才100余架。

灵动之鹞——"海鹞"战斗机

为满足英国皇家海军"无敌"级轻型航母的需要，英国航宇公司在"鹞"GR.MK3垂直起降攻击机的基础上研制了"海鹞"舰载垂直起降战斗机。"海鹞"战斗机是世界上首架实用型舰载垂直/短距起降战斗机，其独特的性能吸引了众多国家的注意，连飞机生产的第一强国——美国也采购了一批"海鹞"来装备其海军陆战队，"海鹞"在美军武器库中的名称为"AV-8B"。

垂直起降

垂直起降战斗机的设计存在一个矛盾：要想使飞机垂直起飞就必须让飞机的升力大于重量，这就得限制战机的重量，而垂直起飞本身会大大消耗燃油，想保持必需的航程又得加大燃油携带量，这又反过来增加了飞机的重量。为了解决这个矛盾，航宇公司在设计"海鹞"时选择了具有强大推力的"飞马"发动机，还采用了铝合金作为机体材料，这些措施让"海鹞"的垂直起降成为可能。

"海鹞"的改进型

由于"海鹞"出众的性能，美国在获取其技术后又进行了大刀阔斧的改进，目前最多版本是AV-8B型号，也是装备量最多的衍生机型（最新的为AV-8B+），装备相控阵雷达，能发射AIM-120雷达主动空空导弹。而英制的"纯种"的"海鹞"仅仅出口了意大利、印度等少数国家。

"海鹞"神话的破灭

因为马岛之战，"海鹞"声名鹊起，但是它的超机动性的价值有被夸大之嫌。马岛战争刚刚结束一年，在澳大利亚与英国的一场联合军演中，同样是参加过马岛之战的飞行员和战机，在与"幻影III"的空中对决时，"海鹞"被痛扁。有资料称："几乎所有在马岛获过战绩的'海鹞'飞行员都被击落了。"而英军飞行员击落的"幻影III"却寥寥无几。

王者归来——俄罗斯T-50

　　T-50是俄罗斯苏霍伊设计局的逆袭之作，在俄罗斯先进战机系列中堪称"王者归来"，背负俄罗斯的希冀。T-50战斗机全名"苏霍伊航空前线多用途战机"，试验机代号为T-50。T-50战斗机为单座双发重型战机，采用轴对称推力矢量喷口。

俄罗斯空军苏霍伊T-50

首次试飞

　　2010年，T-50首次试飞。2011年，其在莫斯科国际航展上首度公开亮相。T-50此时仍是"犹抱琵琶半遮面"，但专家们已经推测出它的相关数据和性能。据悉，T-50的机身主要采用钛铝合金建造，硬度比钢材高几倍，有利于保证战机高速飞行时的安全。

数字化

　　T-50装备新型无线电侦察和对抗系统，可以在不打开雷达、不暴露自己的情况下，发现敌人并实施干扰。飞行员对飞机的指挥控制完全数字化，所有信息都显示在座舱内的彩色液晶大屏幕上。在隐身性能方面，T-50由于采用了独特的外形设计，保证了对雷达波的低可探测性，为增强隐身效果，武器舱采取了内置方式。

苏霍伊苏-57（T-50）

俄罗斯多功能战斗机

第五代苏-57（T-50）军用战斗机

大胆突破

作为俄罗斯现役最先进战斗机，T-50与之前的战斗机有着显著的区别。这款战机在气动力、推进系统和任务系统等方面，都体现了高标准的设计要求。T-50能在不借助加力燃烧室的条件下保持高速飞行，同时具备很强的机动性并能够携带高效的武器系统，达到在超声速状态下的作战要求。

俄罗斯新一代五代战机苏57（T-50）

歼击机苏-57（T-50）

第五代飞机

A-4

天际杀手——攻击机

虽然从外形上很难把攻击机与战斗机区别开来，但是就这两款战机的作战性能和作战用途来看，它们显然不属于同类。最大的区别在于突防手段和空战能力。攻击机的要害部位都有装甲保护，以提高飞机在地面炮火攻击下的生存能力，但不宜用于空战。

分类

按重量的不同，攻击机可分为重型和轻型两大类。重型攻击机，一般在15吨以上，如苏联的苏-25及美国的A-7、A-10等；轻型攻击机，一般在10吨以下，如苏联的"雅克"-36和美国的A-4等。

A-7

作战武器

攻击机有威力强大的对地攻击武器,使用的武器除航炮和炸弹,还包括制导炸弹、反坦克集束炸弹和空对地导弹等,机身内和机身下可挂载多种对地攻击武器,正常载弹量为3吨,最大可超过7吨。

A-4

A-10

优势所在

在低空和超低空作战区域,具有优良的稳定性和操纵性,下视界功能出色,这些都是攻击机的独特优势。攻击机配有威力强大的对地攻击武器,机上装有红外观察、激光测距和火控系统等设备;起飞、着陆性能优良,有的攻击机具有垂直短距离起落性能。攻击机是在战场上最容易受到对方攻击损失的机种,为提高生存力,在其要害部位一般都有装甲防护。攻击机由德国首先使用。代表机型有A-10攻击机、苏-25攻击机、A-29"超级巨嘴鸟"、AC-130攻击机、"蝎子"攻击机。

A–10"雷电Ⅱ"攻击机（美国）

　　A–10绰号"疣猪"。是美国空军现役唯一的一款攻击机。最高时速可达833千米/小时，近距离空中支援的作战半径为460千米，反坦克作战半径可达500千米。1991年的第一次海湾战争是A–10的第一次参与实战，其后更是经历了科索沃战争、阿富汗战争、伊拉克战争以及空袭利比亚等实战的洗礼。

超军旗舰载攻击机（法国）

　　英阿马岛战争期间，超军旗舰载攻击机可谓是阿根廷空军的王牌。阿根廷空军使用超军旗发射飞鱼导弹击沉英国船舰，使得此种原本默默无闻的飞机声名鹊起。

米格-27攻击机（俄罗斯）

米格-27攻击机是米格-23歼击机的对地攻击型，1974年开始装备部队。由苏联米高扬和格列维奇设计局设计，该机能够携带较多武器种类，载弹量较大，对地面攻击火力较强。尤其适合夜间作战，攻击目标命中率较高，能在简易机场和长度为1000米左右的跑道上起降。

"美洲虎"攻击机（英法）

在1991年海湾战争中，英国空军的"美洲虎"大显身手。这款攻击机身着"沙漠"涂装。参加了超过600次空袭和突击，"美洲虎"最大飞行时速超过1600千米，作战半径908千米。

空中堡垒——轰炸机

在现代战争作战条件下，轰炸机是空军特点的代名词。轰炸机堪称一座机动的空中桥头堡，常规炸弹是主要作战武器。它还是"三位一体"战略核力量之一，是核威慑体系不可缺少的重要部分。核弹、核巡航导弹或空对地导弹，也是它们的撒手锏。

诞生

20世纪初，为争夺北非利比亚的殖民利益，意大利和土耳其发生了战争。意大利空军驾驶一架"朗派乐-道比"单翼机向土耳其军队投掷了4枚重约2公斤的榴弹，虽然战果甚微，但这是世界战争史上第一次空中轰炸。

分类

按起飞重量、载弹量和航程的不同，轰炸机大致可分为战术、战役、战略轰炸机三类。战术轰炸机一般能装载炸弹3～5吨，战役轰炸机能装载炸弹5～10吨，战略轰炸机能装载炸弹10～30吨。

美国空军B-29轰炸机

作战用途

轰炸机一般都能实施远程突袭，载弹量大、机动性高，在轰炸地域，可对地面目标实行强力轰炸，是航空兵实施空中突击的主战飞机。

B-2隐形轰炸机

B-2隐形轰炸机隶属美国空军，是当今世界上唯一一款具备隐身性能的战略轰炸机，于1997年正式服役。由于其作战航程长，美国基本不在本土之外部署该轰炸机。

图-160

图-160是俄罗斯空军现役的主力轰炸机种，能够执行远距离跨洲作战任务，可携载远程核巡航导弹，配备有智能导航和信息保障系统。

武装直升机

武装直升机，也叫攻击直升机，具有强大的对地攻击能力，是各国陆军反坦克反装甲、对地支援、特种作战、争夺低空制空权的主要作战武器。武装直升机在越战中的作战效果突出，引起各国的普遍重视。随着技术进步，武装直升机开始执行侦察、对海打击、空中护卫、电子干扰、反辐射等越来越多的任务，成为陆军手中的多面手。

作战优势

各国军队现役的武装直升机，大都装备先进的火力控制系统，电子通信设备和探测设备齐全。而且随着先进的动力系统、防护系统的配置，现代武装直升机的机动和防护能力更加出色，能担负更为激烈的战斗任务，具备良好的生存能力。

米-28NM

俄罗斯的米-28NM武装直升机，常常被戏称为"阿帕奇斯基"，是目前俄军最先进的武装直升机，战斗力比肩美军"阿帕奇"。火力装备：一部30毫米机关炮，挂载"攻击"-V/9A-2200/9M123等反坦克导弹、S-8/13火箭发射巢，甚至是R-73空空导弹。

直-10

国产直-10武装直升机，在中国军队武器装备史上具有划时代意义。该机装备了导弹预警器、雷达接受警告器、红外干扰器等，是一款全能武装直升机，火力装备：一部23毫米机关炮，挂载"红箭"-8/9/10反坦克导弹、57毫米或90毫米火箭弹发射巢以及"天燕"-90空空导弹。

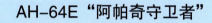

AH-64E"阿帕奇守卫者"

AH-64E"阿帕奇守卫者"隶属于美国陆军。该机作为目前世界上最先进的武装直升机实至名归。火力装备：一部30毫米加农炮，数量可观的"海尔法"-2反坦克导弹或70毫米火箭发射巢，AIM-9X空空导弹。

"虎"式

法国陆军的"虎"式武装直升机，在机动性、防护性和武器载荷上做到了有效兼顾，也是欧洲首款采用复合材料的武装直升机。该机曾在阿富汗、马里等热点地区执行实战任务。火力装备：一部30毫米机关炮、"长钉"-ER反坦克导弹、68毫米火箭发射巢、70毫米"九头蛇"火箭发射巢和"米特拉斯"空空导弹。

绝对主力：导弹

导弹的前身是火箭，德国是最早投身导弹研发制造的国家。第二次世界大战后，在科技水平大幅跃升的支撑下，各军事大国导弹研发制造水平迅速发展，各种型号的短、中程和洲际导弹先后问世，导弹成为现代战争的绝对主力。

导弹

导弹是现代战争中不可或缺的一种重要武器，由于配置了先进的制导系统，能够有效控制飞行轨迹，准确把弹头推送至打击目标，从而达到摧毁目标的目的。导弹的弹头既可以是普通弹头，也可以是核弹头，还可以是化学或者生物战剂弹头。

构造

组成导弹最重要的四个部分是弹头、发动机、导航装置和燃料装置。弹体对于材料的要求很高，一般都是由重量很轻、强度很高的合金材料制作而成。弹头与制导设备一起组成了导弹武器系统。

第一枚导弹

在二战后期，德国人成功研制了V-1巡航导弹，并且把这种导弹投到英国战场，给英国造成了不小的损失。这种导弹已经具备了现代导弹的基本特征，是现代导弹的"先祖"。

揭秘武器

发动机

　　导弹的发动机可以分为两种类型：火箭发动机和喷气发动机。火箭发动机是以推进剂的燃烧产生的反推力作为动力。推进剂又分为三种类型，分别是固体、液体和固液体复合燃料。喷气发动机的工作原理和飞机上的发动机基本相同。当导弹需要突破大气层的时候，它就必须使用动力更为强劲的火箭发动机。

V-1导弹

制导方式

　　自主式制导是导弹的一种重要制导方式，也是大部分地地导弹所采用的制导方式；另一种重要的制导方式是通过接收目标辐射的能量锁定目标，比如激光制导、无线电制导等。此外还有遥控制导和复合制导等制导方式。

导弹的种类

　　导弹的分类方式很多。按照发射点和目标不同，导弹可以分为地地导弹、空地导弹、反坦克导弹等；按照飞行方式的不同，导弹可以分为巡航导弹和弹道导弹；按照作战中的作用不同，导弹可以分为战略导弹和战术导弹两种。

战略导弹

　　战略导弹是一种重要的战略武器，它主要用来打击敌方的战略目标。一般来说，战略导弹都携带核弹头，射程在1000千米以上，主要用来打击敌方的战略要地，比如军事基地、核武器库、交通要道等，还可以拦截对方的战略弹道导弹。

旧导弹对空防御

弹道导弹和巡航导弹的区别

　　飞行特征不同是二者最根本的区别。弹道导弹以火箭发动机为动力，当达到预定高度和预定速度后，依靠惯性沿着弹道曲线飞行，其弹道在稀薄大气层甚至外大气层，入射角度比较大；而巡航导弹在稠密大气层中飞行，整个飞行过程完全以发动机产生动力，入射角度不大。

四枚巡航导弹

战术导弹

　　相对于战略导弹来说，战术导弹的射程一般不超过1000千米，主要用来摧毁敌方的战术目标，战术导弹一般都属于近程导弹。战术导弹可以有效打击敌方战役纵深内的部队、飞机、坦克、指挥中心等。20世纪50年代以后，战术导弹被多次使用，其在多次战争中有不俗的表现，被看作现代战争中最重要的武器之一。

弹道导弹

    弹道导弹指的是沿着预先设定好的飞行轨道飞行的导弹，其飞行轨道为弧形轨道。由于弹道导弹能够携带核弹头，所以，它成为具有威慑力的战略武器。

分类

    弹道导弹的分类方式有很多。以作战使用方式为依据，可以分为战略弹道导弹和战术弹道导弹；以射程为依据，可以分为近程、中程、远程、洲际弹道导弹；以设计结构为依据，可以分为单级和多级弹道导弹。

特点

    弹道导弹是按照预定轨道飞行，可以用来攻击固定目标。它一般采用垂直发射方式，它的大部分弹道处于高空大气层甚至外大气层，制造弹道导弹的弹头需要有严密的防热技术。

弹道导弹

威力

　　在实战中，弹道导弹威力巨大，可以携带核弹头，而现在世界上的战略核弹头达到了上万枚，洲际弹道导弹射程远，可以攻击地球上的任意目标。

"飞毛腿"

　　"飞毛腿"是苏联成功研发的一种地地战术弹道导弹，它可以有效摧毁敌方机场、指挥中枢、导弹发射场等固定目标，具有很强的机动性。"飞毛腿"战术导弹具有丰富的实战经历，其在二战后的两伊战争、阿富汗战争中被大量使用，在后来的海湾战争中也有不俗表现。

声名鹊起

　　1973年，埃及在阿以战争中使用了"飞毛腿"导弹，向以色列指挥中枢、装甲部队和机场发射弹道导弹，仅用了28枚"飞毛腿"导弹，就摧毁了以军一个规模庞大的装甲旅，取得了重大战果。这次战争使世人真正认识了"飞毛腿"导弹，从此，"飞毛腿"导弹在军火市场声名鹊起。

"飞毛腿"的特点

实际上，"飞毛腿"的核心技术算不上最先进的，它仅仅是德国V-2导弹的仿制品，在性能上也并无突出之处。它之所以有如此高的知名度，首先，因为武器控制条约的限制，发展中国家仅能买到这类武器；其次，"飞毛腿"导弹在以往战例中的不俗表现，使其具有很大的震慑力，这也抬高了它的身价。"飞毛腿"导弹经过改进后，其攻击能力有了大幅度跃升。

战场显神威

海湾战争指的是以美国为首的多国部队对伊拉克的一场战争，这是人类历史上现代化程度很高的一场局部战争。战争期间，伊拉克用大量"飞毛腿"导弹攻击以色列、沙特阿拉伯和巴林，这些经过改进的"飞毛腿"导弹威力巨大，给这些国家造成了不小的损失，让整个世界为之震惊。

巡航导弹

巡航导弹是另一种功能强大的导弹，它主要在大气层内进行巡航，属于一种有翼导弹，也可以称之为一种无人驾驶的飞行器。巡航导弹可以自动导航，以功率强大的喷气式发动机为动力装备，以最有利的速度飞行，可以进行超低空突防，进行自杀式攻击。

结构特征

如果仅仅从外形上来看，巡航导弹和飞机的外形颇为相似。它由既坚固又轻的铝合金材料制作而成，一般采用喷气式发动机作为动力装置，这种发动机具有高效率、低消耗的特点。巡航导弹上还配备先进的雷达高度计、惯性导航系统和微型计算机等。喷气式发动机通过热机或者电机，使燃料在燃烧过程中产生的气体高速喷射，从而产生动力。喷气式发动机的工作过程可以分为四个阶段：进气、压缩、燃烧、排气。

优缺点

巡航导弹战斗力强大。其优点主要有：可以多平台发射，有很强的突防能力，精准度很高，成本也较为低廉等。然而，其也有不少缺点，比如它的飞行速度比较慢，防御性能不理想，只能用来摧毁固定目标。

分类方式

　　巡航导弹的分类方式有很多，以作战任务为依据，可以分为战略巡航导弹和战术巡航导弹；以发射平台为依据，可以分为空射、海射和地射三种类型；以射程为依据，可以分为近程、中程和远程三种类型。

"战斧"巡航导弹

　　"战斧"巡航导弹是美国一款重要的巡航导弹，它于1983年开始装备美国军队，是一种全天候的对敌攻击巡航导弹。在导弹发射后，先是由固体燃料燃烧推进导弹，最后由发动机推进导弹，完成其整个飞行过程。

"米切尔"号导弹驱逐舰上的"战斧"巡航导弹垂直发射系统

"战斧"巡航导弹

精准度高

　　大部分"战斧"巡航导弹都被部署在水面舰艇或者核潜艇上，它能够从距离目标1000千米的外海发射。"战斧"巡航导弹采用惯性GPS制导方式，先预先设定飞行轨迹，然后在飞行过程中凭借强大的GPS修正轨迹，引导其对目标发动攻击。所以，"战斧"巡航导弹的精准度很高，误差一般在10米以内。

生存能力强

　　在实战中，"战斧"巡航导弹的生存能力很强。

　　它是低空飞行，而且截面积相当小，雷达一般发现不了它；再加上涡轮风扇发动机散发的热量极其微小，因此，红外线探测往往也难以发现它的存在。

　　在海湾战争中，美军发射了大量"战斧"巡航导弹，其命中率达到了85%。在科索沃战争和伊拉克战争中，美军发射了上千枚"战斧"巡航导弹，由此可见，它在现代战争中的重要地位。

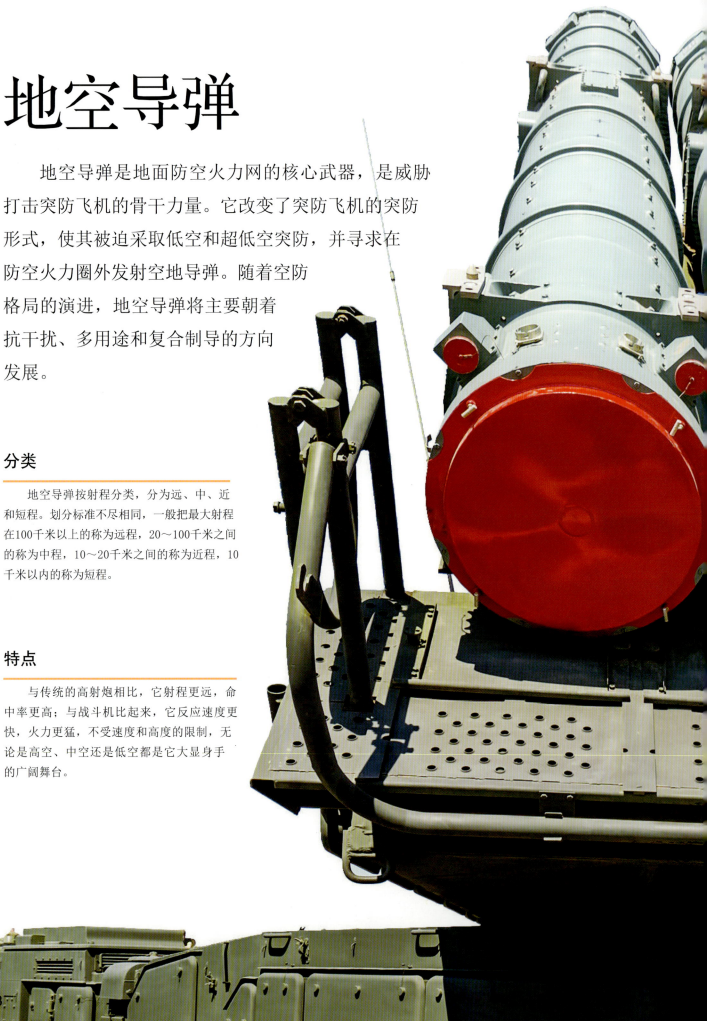

地空导弹

　　地空导弹是地面防空火力网的核心武器，是威胁打击突防飞机的骨干力量。它改变了突防飞机的突防形式，使其被迫采取低空和超低空突防，并寻求在防空火力圈外发射空地导弹。随着空防格局的演进，地空导弹将主要朝着抗干扰、多用途和复合制导的方向发展。

分类

　　地空导弹按射程分类，分为远、中、近和短程。划分标准不尽相同，一般把最大射程在100千米以上的称为远程，20～100千米之间的称为中程，10～20千米之间的称为近程，10千米以内的称为短程。

特点

　　与传统的高射炮相比，它射程更远，命中率更高；与战斗机比起来，它反应速度更快，火力更猛，不受速度和高度的限制，无论是高空、中空还是低空都是它大显身手的广阔舞台。

发展趋势

　　地空导弹在二战后获得了长足的发展，其技术已经相当成熟。展望未来，其主要有以下几个发展方向：地空导弹同时攻击多个目标的能力还有很大的提升空间；地空导弹还应该进一步与小口径火炮结合起来使用；其抗干扰能力也有待进一步提高。实际上，在二战时期，德国就已经开始了对地空导弹的研究，并取得了一些成果。然而，这些研究成果还没有派上用场，战争就宣告结束了。

空空导弹

空空导弹是歼击机的主战武器，可在中、短距离内有效打击敌方空中目标。它配备了目标探测跟踪系统，导弹发射后，导弹的导引头锁定跟踪目标，并实时传送目标的运动方向、速度等信息，再由飞行控制系统控制导弹飞向目标。

构造

空空导弹主要由四个部分组成，分别是弹体、制导系统、推进系统和战斗部，其弹体呈圆柱形，制导系统控制导弹的飞行轨迹，战斗部一般配备有核炸药或者高能炸药。

分类

空空导弹有很多种分类方式。以攻击方式为依据，可以分为格斗导弹和拦射导弹；以制导方式为依据，可以分为红外、激光、主动雷达、被动雷达等空空导弹；以射程为依据，可以分为近程、中程和远程空空导弹。

优势

随着现代科学技术的不断发展，空空导弹的更新换代速度也非常迅速，其性能和杀伤力不断增强。现代空空导弹的特点有"发射后不管"、多目标攻击、复合制导等。其最大发射距离超过100千米，与此同时，它们还可以承担攻击巡航导弹等小型目标的任务，其近距离攻击能力也可圈可点。

发展

自20世纪50年代以来，空空导弹获得了长足发展：在20世纪50年代中期开始装备军队，追尾攻击是当时主要的攻击方式；到了60年代中期，可以进行有效的全向攻击；到了80年代以后，近距格斗导弹和中距导弹发展速度很快，性能也有了很大提升。

空地导弹

空地导弹是用来打击地面目标或者水面目标的机载导弹，由轰炸机、直升机或者攻击机等作战飞机从空中发射。在现代战争中，空地导弹是一种不可或缺的进攻性武器。

特征

与航空炸弹比起来，空地导弹杀伤力更大，隐蔽性更好，机动能力更强。它能够从敌方的防空武器射程之外发射，从而大大减轻了防空武器对载机的火力威胁。但空地导弹造价不菲，维护方面的要求也较高。

武器系统

从外形上看，空地导弹与空空导弹有很多相似点，有些空地导弹的外形和飞机类似。空地导弹、制导系统、发射系统等一起构成了空地导弹武器系统。

分类

空地导弹有很多分类方式。以作战适用为依据,可以分为战术和战略空地弹道;以用途为依据,可以分为空舰导弹、反坦克导弹、反雷达导弹和多用途导弹等;以飞行轨迹为依据,可以分为机载式空地导弹和弹道式空地导弹;以射程为依据,可以划分为近程、中程、远程空地导弹等。

实战

空地导弹是航空火箭与航空炸弹相结合的产物。二战期间,德国率先成功研发出世界上最早的空地导弹,并且使用这种最早的空地导弹击沉盟军商船,袭击伦敦,给盟军造成了不小的损失。

反辐射导弹

在现代战争中，反辐射导弹堪称雷达的天敌，在信息化电子对抗中，它对敌方雷达的杀伤力极大，成为反雷达作战的法宝，所以又称反雷达导弹。它的工作原理是利用敌方雷达的电磁辐射进行导引，从而摧毁敌方雷达及其载体。

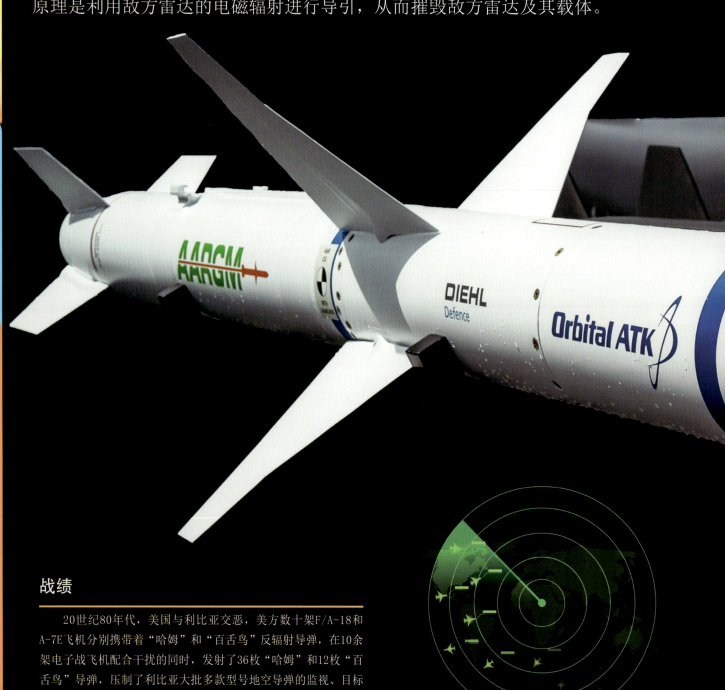

战绩

20世纪80年代，美国与利比亚交恶，美方数十架F/A-18和A-7E飞机分别携带着"哈姆"和"百舌鸟"反辐射导弹，在10余架电子战飞机配合干扰的同时，发射了36枚"哈姆"和12枚"百舌鸟"导弹，压制了利比亚大批多款型号地空导弹的监视、目标指示和火控雷达，使利方防空系统陷于一片混乱。

发展趋势

伴随着科学技术的突飞猛进，反辐射导弹的技术也日趋成熟。未来，它将综合采取各种制导方式，从而大大提高自动寻找攻击目标的能力；同时提高自身抗干扰的能力；采用更先进的动力系统，从而提高飞行速度；运用最新的隐身技术，增加自身突防能力，这些都将成为其未来发展的重要方向。

大有用武之地

在现代战争中，反辐射导弹发挥着越来越重要的作用。据美军的统计，在没有使用反辐射导弹的时候，敌方平均10枚导弹就能够摧毁一架飞机，而在使用了反辐射导弹之后，敌方要使用70余枚导弹才能击落一架飞机。由此可见反辐射导弹在现代战争中的重要作用。

空舰导弹

　　空舰导弹是从空中发射，主要攻击目标是敌方水面舰船，其载体一般为各种作战飞机。空舰导弹也可以有效打击各种地面目标，是海军航空兵克敌制胜的重要武器之一。

最早的空舰导弹

　　世界上第一枚空舰导弹是第二次世界大战期间德国研究开发的Hs293A。其雏形实际上是一枚重量为500千克的高阻航弹，在它的基础上加装了弹翼和滑翔制导炸弹，Hs293A的火箭发动机工作时间仅有10秒，也就不存在反舰导弹的巡航段了，但是这种设计理念在当时是极为先进的。

初战显威

　　在世界海战史上，用空舰导弹击沉敌军舰的最早成功战例发生在马岛战争中。英国使用两枚"海鸥"空舰导弹击沉击伤阿根廷巡逻艇各一艘；阿根廷则使用"飞鱼"空舰导弹击沉英国的导弹驱逐舰。

构造

　　空舰导弹一般由弹体、战斗部、弹翼、动力系统、制导系统等组成。战斗部可以装备普通炸药，也可以用核装药。在制导系统方面，大多数为复合型制导方式，以惯性制导加末段主动雷达制导最为普遍。在动力设置上，可以装备固体火箭发动机、液体火箭发动机或者涡轮喷气发动机。

反坦克导弹

　　反坦克导弹的破甲能力出众，是主要用来打击坦克和其他装甲目标的利器。法国军队率先在20世纪50年代中期投入使用，其实战效能得到众多国家的认可，从而掀起研制高潮。其发展经历了三代，到现在已经成为最有效的反坦克武器。

构造

　　反坦克导弹主要由四个部分组成：弹体、战斗部、制导系统和动力装置。弹体用复合材料或者轻合金制成，聚能破甲型战斗部威力强大，以固体火箭发动机为主要动力。

作战优点

　　与反坦克炮相比，反坦克导弹机动性能好、命中率高，威力更加强大，射程更远。此外，它能够从各个平台上发射，可以说是一种最重要的反坦克武器。

发展轨迹

　　第一代反坦克导弹结构较为简单，价格也相对较低，但是其命中率不高，而且飞行速度较慢。第二代反坦克导弹采用了当时最先进的光学瞄准与跟踪、红外半自动制导技术，无论是速度还是精准度都有了大幅度提升。第三代反坦克导弹射程远、威力强、命中率高，而且使用方便，"发射后不管"是其显著特征。

反坦克导弹

新技术的应用

    随着军事技术的日新月异，反坦克导弹技术也得到了长足发展，尤其是在制导技术方面有了更显著的改善。红外制导、激光制导等先进制导技术的不断涌现，大大提高了反坦克导弹的精准度。目前，反坦克导弹正朝着高速度、简易制导和攻击坦克集群的方向发展。

失落的"小红帽"

    在第二次世界大战后期，德国为了对付盟军坦克的凌厉攻势，扭转战争局势，研发了一种叫"小红帽"的反坦克导弹。它采用导线制导，装备了一个重量为2.5千克的聚能穿甲弹头。然而，这种反坦克导弹还没有派上用场，战争就结束了。

反坦克导弹系统、多功能火箭炮、重机枪和移动防空雷达

舰空导弹

　　舰空导弹作为舰艇的一种重要的防空武器，其最大射程为100千米，最大射高为20千米，飞行速度为数倍声速。在动力设置上，其多数以固体火箭发动机为动力，也有的舰空导弹以冲压喷气发动机为动力。在制导方式上以遥控制导或者寻的制导为主，也有的采用复合制导。战斗部大多装填普通炸药。

分类

　　舰空导弹的分类方式很多。以射程为依据，可以分为远程、中程和近程舰空导弹；以射高为依据，可以分为高空、中空和低空舰空导弹；以作战使用为依据，可以分为舰艇编队防空导弹和单舰艇防空导弹。

发展趋势

　　世界上第一枚舰空导弹是在第二次世界大战期间生产的。在未来，舰空导弹的发展趋势是复合制导、抗干扰、垂直发射等，从而使舰空导弹成为一种反应迅速、机动性强、杀伤力大及精密制导的防空武器系统。

空中利剑

　　从实战的经验来看，舰空导弹的确是一种效率较高的舰艇防空武器。1968年，美国的"黄铜骑士"舰空导弹击落越南两架战机；1982年，英国军舰发射的舰空导弹击落多架阿根廷战机；1991年，美国的"海标枪"舰空导弹成功击落一枚伊拉克发射的导弹。

"东风"系列

东风系列导弹，是由我国自主研发制造的近程、中远程和洲际弹道导弹的总称，极具杀伤力和威慑性，它是大国利器、镇国之宝。这一系列导弹采用"DF-XXX"形式编号，如东风-1号又写作DF-1。

"东风快递"

"东风快递"是对东风系列战略核打击导弹的形象比喻，包括东风-41、东风-31、东风-5这三种。其中东风-41是近年才刚刚亮相的，采用了TEL运输、起竖、发射一体车，分导式核弹头增加到12个，拥有随停随射的无依托发射能力。射程延伸到1.4万千米，从我国东部地区发射，可以覆盖北美洲绝大部分区域，这是决定战略态势的绝对大杀器。

东风家族的先驱

东风-1弹道导弹是东风系列导弹家族的先驱，20世纪60年代开始研发，主要仿制苏联P-2导弹，1960年11月5日试射成功。采用一级液体燃料火箭发动机，最大射程600千米。可携带1300公斤的高爆弹头。该导弹没有实战部署过。但中国通过仿制P-2导弹建立了导弹研究体系，培养了一批导弹专家。

航母杀手

东风-21、东风-26和东风-17号称航母杀手。属于高精度的中近程弹道导弹，射程都在4000千米以内，打击精度高，圆概率误差在100米以内，能够对航母战斗群形成有效威胁，起到区域拒止的重要作用。特别是东风-17，标配了高超声速乘波体弹头，防御难度极大。

"白杨"M 系列

  "白杨"M系列导弹是世界上威力最大的武器之一，它长23米，重达47吨，能够携带1.5吨的弹头，可以运载所有种类的核弹头。导弹采用固体燃料，配备了动力强大的发动机，能够以令人难以置信的速度升空，射程达到了10000千米，可以摧毁地球上的任何目标。

极快"疯子"

　　该导弹速度极快，任何一种导弹都无法将其拦截，更无法对其发动有效攻击。因此，无奈的美国人将其称为"疯子"。由于美国和俄罗斯签署了限制洲际导弹条约，因此，"白杨"M系列导弹自然也会受到这个条约的限制，在设计上保守了很多，比如"白杨"M导弹的射程可以达到15000千米，但是仅设计为10000千米。当然，俄罗斯的军事设计专家为了弥补射程上的缺陷，将导弹的飞行速度提高了不少。

分弹头

　　"白杨"M系列导弹能够在很短的时间内分装成多个分弹头导弹，这些分弹头都有自己独立的制导系统。因此，这种导弹抗电子干扰能力极为强大。另外，为了提高这种导弹的穿透能力，弹头能够每30秒就改变一次飞行参数，敌方的导弹拦截系统根本就来不及反应。

传奇王牌：高科技武器

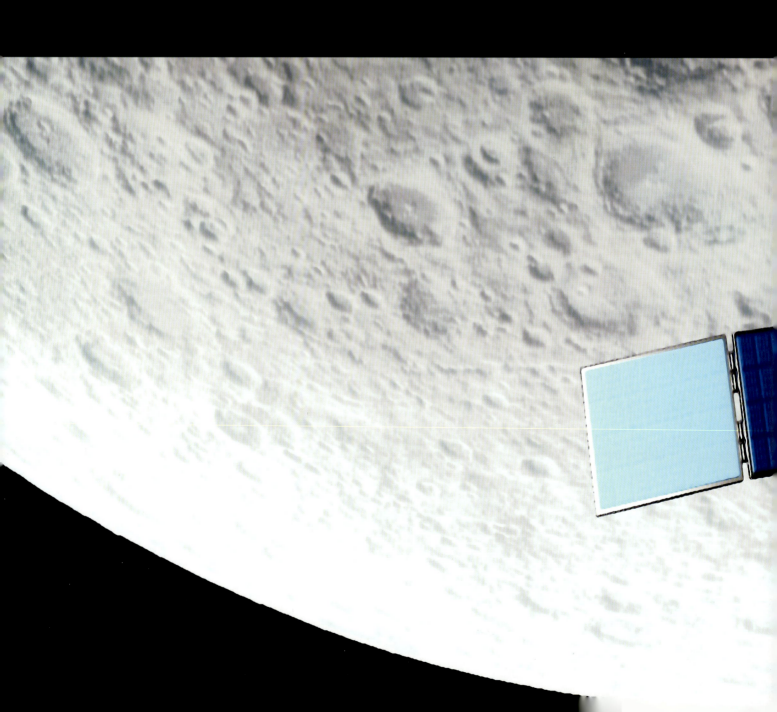

高科技武器始终伴随着人类科技进步的进程而不断更新演化，它也是人类社会科技进步的缩影。它的作战效能远远超出同类武器，某种程度上改变着现代战争的形态和具体作战方式。

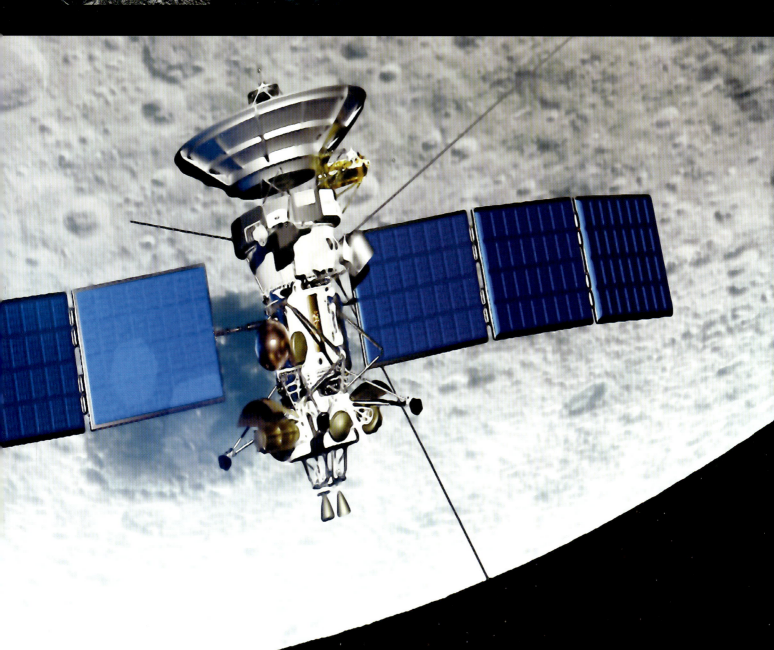

核武器

核武器的威慑力远大于实际运用，是世界上主要军事强国保持战略平衡的重要力量。核武器也叫核子武器或原子武器。广义的核武器是指包括投掷或发射系统在内的具有作战能力的核武器装备。狭义的核武器就是指核弹。

核反应

在核武器的爆炸过程中，不但会释放出巨大能量，而且核反应的速度非常快，往往在瞬间完成。所以，在核武器爆炸周围会产生很高的温度，这种高温会使周围空气迅速膨胀，从而产生强大的高压冲击波，这在一定程度上加大了核武器的破坏力。

核电磁脉冲

核爆炸产生的强大电磁波，类似于来自天空刺向大地的雷电，对地面上各类物体的毁坏性极大。百万吨当量的核弹在几百千米的高空爆炸，核电磁脉冲的危害半径可达几千千米，使自动控制系统失灵，无线通信器和家用电器受到干扰和损坏。

威力惊人

核武器的出现和应用，使人们对战争有了更为深刻的认识，对现代战争产生了难以估量的影响。核武器在爆炸的时候会释放出巨大能量，它所释放的能量比装填化学炸药的武器要大出很多。比如，1千克铀裂变释放的能量比1千克TNT炸药爆炸释放的能量要大2000万倍，核武器的威力由此可见一斑。

核裂变

煤炭、石油等矿物质燃烧会释放出巨大能量，这种能量来自碳、氢、氧的化合反应。而TNT在爆炸的时候同样会释放出巨大的能量，这种能量来自化合物的分解反应。无论是化合反应还是分解反应，碳、氢、氧的原子核都没有变化，只不过是原子之间进行了新的排列组合。核反应则完全不同，在核裂变或者核聚变中，原子核转变成了其他原子核，原子也发生了本质上的改变。所以，一般称这类武器为原子武器。实际上，这种改变是原子核的改变，因此称它们为核武器更为准确。

核弹爆炸

在海洋中爆炸核弹

原子弹

原子弹是一种典型的核武器，它利用铀或钚等原子链产生的裂变反应，瞬间释放出巨大能量并产生强烈爆炸，具有很大的杀伤力和破坏力。

揭秘武器

研发

从1939年科学实验发现核裂变到1945年原子弹应用于战场，仅仅用了6年的时间。1939年，美国政府决定研制原子弹，1945年，美国成功制造出3颗原子弹。其中1颗原子弹用于实验，另两颗原子弹投在了日本的国土上。

核爆灾难

　　1945年8月6日，美国把一颗代号为"小男孩"的原子弹投在了日本的广岛，这颗原子弹长2.5米，威力约为15000吨TNT。8月9日，美国把另一颗代号为"胖子"的原子弹投在了日本的长崎，这颗原子弹长3.3米，威力约为20000吨TNT。

核炮弹

　　自二战结束以后，原子弹的制作技术进一步发展，原子弹的重量和体积不断减小，而战术技术性能不断提高。1963年装备美国作战部队的155毫米榴弹炮的核炮弹，长度不足1米，重量为54千克，当量在1000吨TNT以下。

化学武器

　　化学武器指的是以释放化学毒剂为手段，有效杀伤敌方有生力量的武器。化学武器属于典型的大规模杀伤性武器。化学武器包括毒剂、毒剂前体、装有毒剂的弹药，以及其他用于毒剂释放和使用的专门设备。

杀伤力

　　化学武器是如何杀伤敌方作战力量的呢？原来，化学武器在使用的时候，会把毒剂分散成小液滴、蒸汽、粉末或者气溶胶等，从而使地面、水源、空气沾染毒剂，以达到杀伤敌方作战力量，迟滞敌方军事行动的目的。

出现

　　早在20世纪初期，化学工业在欧洲蓬勃发展，再加上军事上的现实需要，这些为现代化学武器的发展提供了可能。1915年，德国军队使用液氯钢瓶释放氯气，这种氯气具有强烈的窒息作用，英法联军因此付出了不小的代价。

分类

　　化学武器分类方式比较多。以毒剂的分散方式为依据，可以分为爆炸分散型、热分散型和布洒型。以化学武器装备的部队种类为依据，可以分为步兵化学武器、航空兵化学武器和炮兵化学武器。

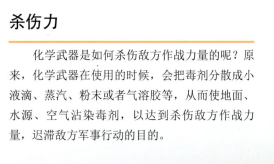

首次应用

1916年，法国军队在战场上使用了75毫米装填有光气的化学炮弹，这种炮弹具有很强的致死性。尽管化学武器在一战的战场上并未发挥决定性作用，但是，它受到了全世界正义力量的严厉谴责。

化学炮弹

无孔不入

与其他常规武器相比，化学武器具有很多特点。首先，它的杀伤途径较多。沾染毒性的空气可以通过人的呼吸道吸入体内，也可以通过皮肤被吸入，毒剂液滴可以通过皮肤渗透至人体内，染毒的食物和水源可以经过人的消化道被人体吸收，一些爆炸分散型的化学弹药还具有一定的碎片杀伤效果。其次，杀伤作用的持续时间较长。化学武器的杀伤时间可以是几分钟、几个小时，也可以是几天，甚至几十天。再次，化学武器杀伤范围很广。与普通的炮弹比起来，化学炮弹的杀伤半径要大出几倍甚至几十倍。染毒的空气借着风势四处扩散，几乎是无孔不入。有时还会在战壕和低洼的地方沉积，对敌方有生力量造成巨大威胁。最后，化学武器和常规武器或核武器相结合，大大增强了化学武器的杀伤力。

激光武器

激光武器可集中定向发射激光束，具有快速、直射、射击精度高、抗电磁干扰能力强等优点。激光束以30万千米/秒的速度传播，瞄准即意味着击中目标。激光武器系统的核心是激光器，此外配以跟踪、瞄准、光束控制、发射装置等。

激光制导炸弹

研发背景

曾经，激光武器大多只是出现在科幻电影中，但是，它们真正走向战场用不了太长的时间。在20世纪70年代的时候，主要的军事强国就已经开始了对激光武器的研究工作。随着科学技术的进一步发展，很多军事强国逐渐掌握了激光武器的核心技术，美国甚至已经能够制造出小型的激光枪。导弹的速度很快，最快的导弹速度甚至能够达到10倍声速，拦截工具对如此高速的导弹往往束手无策。正是在这样的背景下，科学家开始把研究重点转移到激光武器上。

惰性激光联合直接攻击弹药炸弹

激光枪

激光是世界上传播速度最快的物质，尽管激光武器的研究还处在起步阶段，但是，世界各国都意识到激光武器在未来战场上的重要作用，有的国家已经研制出能够瞬间致盲的激光枪。然而，一旦这种激光枪出现在战场上，将会给人类带来难以想象的灾难。

让世界瘫痪——网络攻击

在未来，人类面临的威胁可能来自网络。目前，一个国家的电力、交通、金融、国防等关键领域都与计算机有密切联系。如果病毒被植入通信系统，电话将无法打通，或者通话被窃听，邮件被别有用心的人偷窥；如果病毒被植入金融系统，账户上的财富会凭空蒸发，庞大的国家财富也会神秘消失，整个国家将陷入灭顶之灾。如今，世界上越来越多的国家已经认识到了网络安全的重要意义，很多国家都组建了国家网络安全中心来保证国家的网络安全，网络战或许会成为战争的另一种存在形式。

黑客利用计算机病毒进行网络攻击

天空中的信使——通信卫星

通信卫星指的是用来承担无线电信号的转发、实现用户信息传输任务的人造地球卫星。通信卫星能够传播视频、音频和各种数据信息。通信卫星可分为军用和民用。

分类

以服务区域和具体用途为依据，通信卫星可以分为国内通信卫星、国际通信卫星、军用通信卫星、电视广播卫星、海事通信卫星等。其中，军用通信卫星又可以进一步分为战略军用通信卫星和战术军用通信卫星。前者能够提供全球范围内的战略通信勤务，而后者能够提供舰艇、飞机的通信勤务。此外，军用通信卫星保密性能好，抗干扰能力强，具有很强的战场生存能力。20世纪80年代组网以后，其战略和战术的区别已经越来越小了。

卫星接收

"斯科尔"

在通信卫星家族中，"斯科尔"号通信卫星具有特殊的意义和价值，它是世界上第一颗通信卫星，标志着人类的通信事业迈入了一个新的时代。"斯科尔"号通信卫星由美国研发制造和发射，尽管这颗卫星的寿命只有13天，而且轨道的高度也比较低，但是，它开创了人类历史上通信卫星研制的新纪元。

通信优势

1965年，美国成功发射"国际通信卫星"1号，卫星通信开始步入真正的实用阶段。20世纪70年代以来，通信卫星逐渐向专业化发展，各种专用的通信卫星陆续出现。卫星通信有很多优点，比如，传输距离远、信号质量好、信息容量大、机动灵活性强。目前，卫星通信已经成为一种至关重要的通信方式。

地球外的间谍——侦察卫星

　　侦察卫星本质上是人造地球卫星中一种具有特殊用途的卫星，它用于军事的目的主要是侦察、获取敌方的军事情报，其侦察范围很广泛。此外，成像侦察卫星、海洋监视卫星也都属于侦察卫星系列。

分类

　　以任务和设备的不同为依据，侦察卫星可以分为照相侦察卫星、电子侦察卫星、海洋监视卫星等类型。

照相侦察卫星

　　可见光遥感器是照相侦察卫星最主要的装备，它可以实现对目标的拍照功能。这种卫星主要应用于对敌方港口、机场、交通枢纽、导弹基地等目标的侦察。为了能够获取可靠情报，要求卫星获取的图片应该清晰，且具有较高的分辨率。照相侦察卫星运行在距离地面150至1000千米的轨道上，如果照相侦察卫星配备了红外照相机和多光谱照相机，就会具有夜间侦察能力。

情报传输

　　侦察装备将收集到的侦察情报用磁带或者胶卷等载体记录下来，储存在返回舱内，地面就可以收到这些情报了。除了这种途径，还可以通过无线电传输至地面设立的接收站，然后再经过计算机或者光学设备的处理，人们就可以从中获取所需要的情报。

广泛应用

　　自1960年侦察卫星被研制成功以来，其发展势头迅猛，目前已经成为现代战争中指挥系统和武器系统不可或缺的组成部分。与其他卫星相比，侦察卫星具有覆盖范围广、可以跨越国界限制、集定期监视与连续监视为一体等特点。目前，侦察卫星在现代战争中得到了广泛应用。

主要名词索引

揭秘武器

揭秘武器